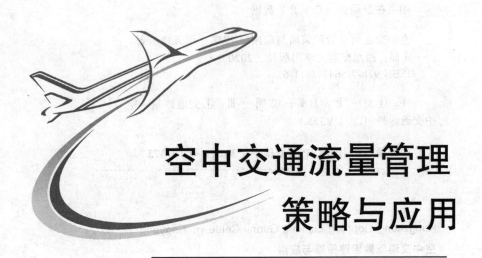

空中交通流量管理
策略与应用

康　瑞　周天琦　编　著

西南交通大学出版社

·成　都·

图书在版编目（CIP）数据

空中交通流量管理策略与应用 / 康瑞，周天琦编著
. 一成都：西南交通大学出版社，2020.6
ISBN 978-7-5643-7471-6

Ⅰ. ①空… Ⅱ. ①康… ②周… Ⅲ. ①交通流量－空
中交通管制 Ⅳ. ①V355.1

中国版本图书馆 CIP 数据核字（2020）第 102375 号

Kongzhong Jiaotong Liuliang Guanli Celüe yu Yingyong
空中交通流量管理策略与应用

康　瑞　周天琦 / 编著

责任编辑 / 牛　君
助理编辑 / 宋浩田
封面设计 / 何东琳设计工作室

西南交通大学出版社出版发行

（四川省成都市金牛区二环路北一段 111 号西南交通大学创新大厦 21 楼　610031）
发行部电话：028-87600564　　028-87600533
网址：http://www.xnjdcbs.com
印刷：成都蓉军广告印务有限责任公司

成品尺寸　185 mm×260 mm
印张　12.25　字数　276 千
版次　2020 年 6 月第 1 版　　印次　2020 年 6 月第 1 次

书号　ISBN 978-7-5643-7471-6
定价　58.00 元

课件咨询电话：028-81435775
图书如有印装质量问题　本社负责退换
版权所有　盗版必究　举报电话：028-87600562

前　言

　　空中交通流量管理在民航运输业的发展中占有重要地位，当前正值各航空公司运输机队扩充，机场增建扩建，如果缺乏高水平的流量管理系统与其相匹配，将无法形成整个航空运输业发展的合力。民用航空运输系统的高速发展对空中交通管理系统的发展提出了更高的要求，因此空中交通流量管理的理论应用研究及相关人才培养将是促进我国民航运输发展的重要环节。

　　本书通过分析我国空中交通发展现状并基于管制规则、实际飞行数据、管制员的操作习惯、流量管理业务流程，系统介绍了空中交通流量管理的关键知识和核心技术：空中交通流量管理基本概念及发展趋势、交通流理论和空中交通流的定义、空域系统容量概念及评估方法、空中交通流量统计与预测经典方法、离场流量管理策略、进场流量管理策略、区域流量管理策略、协同决策流量管理、战略流量管理。

　　本书将流量管理概念与管制运行有机地融为一体，兼顾理论分析和系统应用，可以作为空中交通管理相关专业教材供学生使用，也可以作为空中交通管制员、流量管理人员以及技术保障人员的参考书。

　　本书编写过程中得到了民航空中交通管理局、中国民航飞行学院空中交通管理学院、南京航空航天大学、川大智胜软件股份有限公司、西南空中交通管理局等单位专家、同仁的热情帮助，他们提供了许多宝贵的建议和素材，在此深表谢意。此外，在民用航空相关背景资料的编写过程中参考了大量网络信息，因其内容零散且较多，无法在参考文献中一一标出，在此一并表示感谢。

　　由于编写时间比较仓促，文献资料等收集工作难免有疏漏之处，加上空中交通管理技术发展迅速以及编者水平有限，书中难免有错误与不妥之处，恳请广大读者批评指正。

编　者

2019 年 12 月

于中国民航飞行学院

目　录

第一章 绪 论

　　当前，我国正处于由民航大国向民航强国迈进的关键阶段。与此同时，航班量快速增长与空域资源、地面保障资源不足的矛盾依然突出，极端天气等影响航班正常运行的客观因素也在不断增加。随着航空飞行活动日趋繁忙，空中交通拥塞问题越来越突出，空中交通流量管理的地位和作用也日益提升。空中交通流量管理作为空中交通管理的重要组成部分，是提高航班正常性、加强运行效率、减小航班延误、提高国家空域资源利用率的有效手段，也是现阶段国际民航空管业界关注和发展的重点。我们需要围绕空中交通流量管理活动建立包括管理机构和人员、运行程序、法规标准、理论技术、系统设施等在内的完备、科学的国家空中交通流量管理体系。

第一节　空中交通管理概述

一、基本概念

　　空中交通管理（Air Traffic Management，ATM），就是在与各方面协作的基础上，通过提供设施和不间断服务，对空中交通和空域实施安全、经济和高效的动态和一体化管理。空域管理、空中交通流量管理（Air Traffic Flow Management，ATFM）和空中交通服务（Air Traffic Service，ATS）是构成空中交通管理的三大组成部分。利用这三种功能范围可以概括和划分分布在不同时间、空间上的各种交通功能。

　　空中交通服务是指对航空器的飞行活动进行管理和控制的业务，对航空器提供空中交通管制服务、飞行情报服务和告警服务。

　　空域是实现空中交通的物理空间，是空中交通服务提供者向空域用户提供服务的场所。空域管理是指依据既定空域结构条件，按照各种不同飞行的需要灵活地划分空域来满足不同类型航空器飞行的需要，实现对空域资源的最优配置。

空中交通流量是指在指定时间段内通过监视点、航线或航路段、区域或扇区的军民航、通航等各类空中飞行活动总量。

空中交通流量管理是指在遵循空域管理规定、保障飞行安全间隔的条件下，实现对空中交通流量的宏观和局部微观调控，提高空域使用效率，减少飞行时间和地面等待时间，满足空中交通流量增长和减少燃油消耗、碳排放的需求，保障空中交通能够安全、有序、快捷地运行。

二、发展趋势

早期的航空运输，因运量少且航空器飞行性能受限，仅需考虑安全性，因而空中交通管制服务占空中交通管理的比重超过 95%。到了 20 世纪 60 年代末期，航空飞行的航班数量迅速提高，繁忙的空中交通导致空域内航班分布密度较大，影响飞行安全，由此逐渐形成了以流量控制（Flow Control）为主的空中交通流量调配方法。流量控制是指在一定时间段内通过限制进入某航线、区域的航空器数量以减缓空中交通拥堵的方法。20世纪 80 年代中期，随着飞行流量的进一步增长，航班延误及空域拥堵问题加剧，部分地区由于频繁采用流量控制措施，甚至带来空中和地面等待时间延长、打乱航班时刻表、增加额外经济费用与燃油损耗、机场或候机楼的拥挤、旅客不满意度提升等多种负面影响。随着空中交通流量持续增加，空域容量与飞行需求不平衡问题日益突出，而流量控制无法从根本上解决问题，因此需要面向空中交通流量需求与空中交通系统容量的平衡关系，从增加运行效率、有效扩容、优化空中交通流等方向着手，建立一系列科学的方法和策略以减少空域拥堵和航班延误，由此出现了空中交通流量管理的概念。

进入 21 世纪，如何提高航空器运行安全、扩大空中交通容量、提升运行效率和减小环境污染已成为世界空中交通管理行业面临的问题，国际民航组织（International Civil Aviation Organization，ICAO）以及航空发达国家或地区正在广泛开展新的空管运行概念和技术的研究工作，探讨空管系统、程序、人为因素和运行方式的变革。世界空中交通管理的理念和技术正在发生重大改变。在技术上，航空器性能、航空器自主导航能力和自主冲突处理能力大大增强，空中交通管制和空域管理、流量管理运行权重也在发生明显变化，流量管理权重将由 10%提高到 30%，如图 1-1 所示。

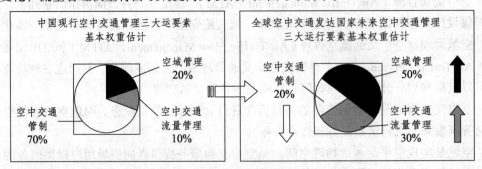

图 1-1　空中交通管理三要素的相对运行权重变化趋势

美国下一代空中交通管理系统计划（Next Generation，NextGen）和欧洲单一天空空中交通管理项目（Single European Sky ATM Research，SESAR），都反映了这种由技术管理向资源管理过渡的趋势。以上两个计划是未来空管系统发展规划的典型，其基本目标为：通过集成和实施新技术改进空管系统的性能，实现更加安全高效的运行、减少航空费用支出、扩大空中交通容量及降低环境污染等目标。其核心功能包括空管自动化系统更新、以飞行和流量为中心的网络运行、载运工具融合、基于数字化的信息共享、系统集成和虚拟化等。同时 2012 年 ICAO 在第十二次全球航行大会发布的航空系统组建模块升级（Aviation Systems Blocks Upgrades，ASBU）中，将流量信息的协同环境、最佳容量和灵活飞行相关技术，例如自由航路策略、机载间隔配备方法、最佳飞行高度层策略等作为主要研究主线之一。我国民航局对 ASBU 计划进行了响应与规划，结合 ASBU 的有关要求，建立方法论，统筹兼顾地推进中国民航航行系统的发展。由此在新一代空中交通管理系统架构中将空中交通流量管理策略及应用成为重点研究对象，例如优化下降剖面（OptimumDescentProfile，ODP）技术为进场航空器设计了一种更高效的下降剖面，可有效减少航班燃油消耗和碳排，进而提高空管系统的整体运行效率；为应对恶劣天气带来的影响，利用时间间隔代替距离间隔，它在跟随进近的航空器之间提供基于时间（Time-based Separation，TBS）的管制间隔，用来提高机场跑道容量。这些空中交通流量管理策略与方法将与未来的空管系统形成耦合，打破传统边界，以全球空管一体化运行概念为驱动，以安全、经济和效率为基本目标，完成在机场和空域范围内空中航行服务网络层面的"端到端"无缝衔接，实现对空中交通流和空域的动态化、集成化管理。

图 1-2 是空中交通管理运行方式的发展变化趋势，主要包括针对个体的空中交通管制初始服务、基于群体经验的程序管制方式、基于技术管理的雷达管制方式、面向资源管理的自动化空中交通管理系统、自主式的协同式多交互型空中交通管理系统五个阶段。目前，欧美地区空中交通管理体系已逐渐发展为以自动化为核心的资源管理型空中交通管理系统。而我国空管系统所处的位置落后于欧美，空管运行仍以提供雷达管制服务为主。随着我国航空运输业的不断发展，需要整合进空管整体运行网络，打造现代化

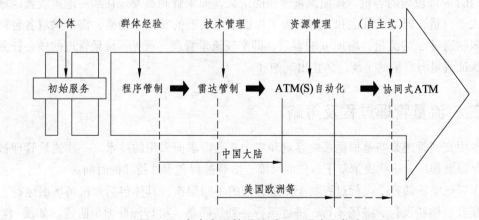

图 1-2　空中交通管理的过去、现在和将来

空中交通管理体系。我国的空中交通流量管理体系，本身就是顺应这一发展大趋势而建设的，它比西方国家20年前建设的系统更能适应和主导这种发展变化，因此成为我国独立自主空管建设的一大亮点，成为我国由航空大国向航空强国发展的重要推动因素。

第二节　空中交通流量管理概述

一、基本概念

空中交通流量管理是空中交通管理的三大任务之一，是提高航班正常性、加强运行效率、减小航班延误的重要手段。

空中交通流量管理的定义：为有助于空中交通安全、有序和快捷的流通，以确保最大限度地利用空中交通管制服务的容量并符合有关空中交通服务当局公布的标准和容量，而设置的服务。

国际民航组织将空中交通流量管理定义：为有助于空中交通安全、有序和快捷的流通，以确保最大限度地利用空中交通管制服务的容量并符合有关空中交通服务当局公布的标准和容量，而设置的服务。

中国民用航空局将空中交通流量管理定义：为空中交通安全、有序和快速流动而设置的服务，通过统筹空中交通管理资源，对空中交通流的时空分布进行管理，以确保空中交通流量不超过且最大限度地利用空中交通管制容量。

流量管理的概念可以用下面的公式表示：

$$h_p(t) < q_p(t) \tag{1-1}$$

式中，p 为空域单元，表示整个空域系统或者其中的一部分，如一个航路汇合点、一条跑道、一个机场、一个管制扇区等；t 表示时间段；$h_p(t)$ 表示在 t 时间段内请求通过 p 的航空器数量，即通过 p 的流量；$q_p(t)$ 表示在 t 时间段内，p 能够允许的通过航空器的数量，即 p 在 t 时间段内的容量。按照流量管理的定义，如果管制员发现在某一地点或者区域流量大于容量，即"流量饱和"时，为了保证空中交通的安全、畅通，需要采取各种措施以限制通过 p 的流量，增加 p 的容量，即实现流量管理。可见，流量管理的核心任务就是保证流量与容量的平衡，防止出现饱和。

二、流量管理过程及策略

空中交通管理策略是根据系统容量和空中交通需求而采用的技术。一些流量管理被认为是限制程序。这些决策基于事件的尺度、协调过程和事件持续的时间。

由于航空器的整个飞行过程处于流量管理的不同层次，具体包括：机场场面运行、离场爬升、航线飞行、进场飞行、进近飞行、到达降落、滑行停驻七个阶段。如图 1-3 所示，一个航空器的飞行过程将要经历四个层次的流量管理。

第一层为全国范围内的空中交通流量的协同管理；第二层研究如何优化在航路、航线内的空中交通流；第三层为机场流量管理，研究如何调整优化机场内航空器的起飞和降落流量，主要考虑如何调整机场终端区、进近范围的到达流和出发流；第四层为机场场面运动流量管理，这一阶段内航空器处于起飞前和降落后的状态，此阶段主要研究如何优化航空器的场面运动，包括对航空器的滑行路径、入停机位等资源的分配和优化。其中机场场面运动属于空中交通的地面延伸部分，对整个空中交通流的规划有至关重要的作用。

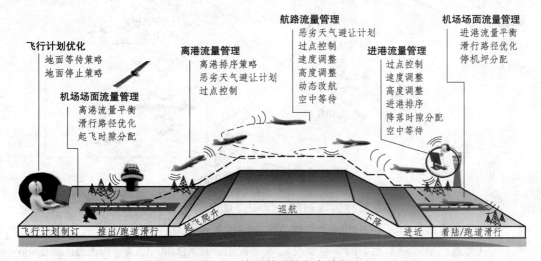

图 1-3　流量管理的各个阶段

第三层和第四层属于终端区流量管理范畴，也是目前空中交通流量管理的重要研究方法，其研究对象为某个或某特定范围内的多个机场终端区空域、机场跑道等，主要管理措施是基于瓶颈资源的容量对进近、终端区航班队列进行排队优化，一般情况下，机场瓶颈资源多为跑道。具体来说，终端区流量管理主要涉及达终端区、进近管制、到达机场三个阶段，其中到达机场阶段是指飞机完成进场的阶段，切入仪表着陆系统或其他着陆设备，进入进近着陆阶段。在这一过程中，流量管理的核心就是保证飞机的到达率小于机场的接收率，离场需求小于离场容量，充分利用跑道容量，合理地把总容量在进场航班流和离场航班流之间进行分配。对到达的飞机进行优化排序，保证它们之间的安全间隔，对即将出场的部分飞机执行地面等待策略，同时对飞机在停机坪和滑行道间的交接进行科学的管理。

由此以上四个层次由上至下并由下至上相互作用，相同层次之间存在军民航的相互协作，组成了整个的空中交通流量体系。

空中交通流量管理贯穿于空中交通飞行过程中各个阶段：等待许可、滑行、跑道起飞、飞离终端区、航路飞行、到达终端区、进近管制、跑道降落。流量管理通过对航空器当前状态、位置的监视，对未来状态、位置进行预测，在航空器飞行的各个阶段采用不同的辅助决策工具，生成满足各阶段管制需求的流量调整方案，如图1-4所示。

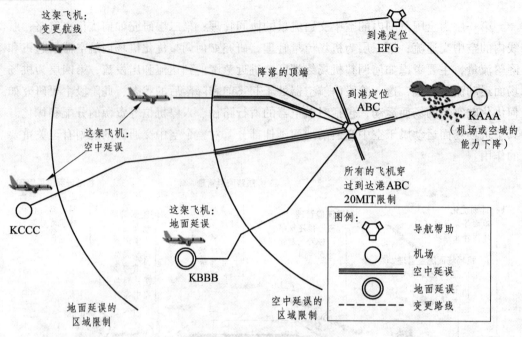

图 1-4　流量管理的多种措施

　　流量管理不是各个流量管理措施的单一应用，往往是多个流量管理措施有机结合解决一个空中交通流量问题。因此流量管理与常见的流量控制有着本质区别。

　　空中交通流量管理不能等同于空中交通流量控制，ICAO 和 FAA（Federal Aviation Administration，美国联邦航空管理局）对流量控制的定义为：为保证空域的有效使用而采取的调整进入特定空域、航路和机场空中交通流的方法。由此可知，流量控制与流量管理在以下两方面有显著区别。

　　（1）作用时间不同。

　　流量控制一般在航空器起飞后才发挥作用，主要采用空中调速、等待等方法，限制航空器进入某空域的间隔或时刻；流量管理在航空器起飞前就发挥作用，例如，用地面等待避免航空器空中等待，优化航班时刻表避免空中拥堵等。

　　（2）作用对象不同。

　　流量控制主要通过限制流量来避免空中交通拥挤，调整对象为进入特定空域的航空器序列；而流量管理在调整航空器流的同时，也可以通过调整管制程序、增开扇区、优化航路等方法增加拥挤空域的容量，提升运行效率，以达到容量与流量的平衡。

　　流量管理涉及不同阶段、层级，是一个协同的容量和空域规划的过程，机场、空中交通服务单位、军事单位、航空公司等空域用户和利益相关方应协同努力，共同改进空中交通管理系统的性能，如图 1-5 所示。

　　综上所述，流量控制本质上是通过减少来自上游空域的航班流以减少本空域内飞行流量的措施，即限流。而流量管理手段不仅限于限流，还包括扩容增效，由此，流量控制不能简单地等同于流量管理，仅仅是一种粗放型的空中交通流量管理方法。

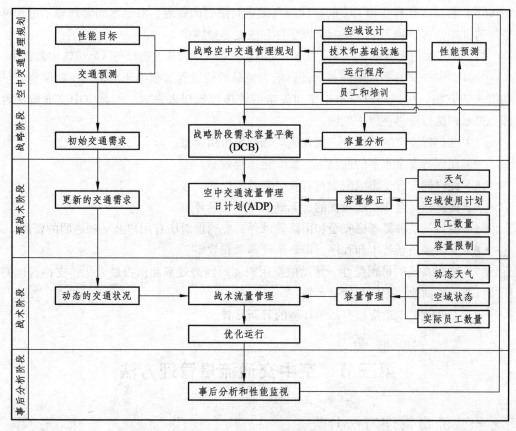

图 1-5 流量运行管理的过程

三、流量管理的任务与作用

空中交通流量管理系统的任务是平衡民航空管系统现有保障能力和空中交通需求以确保空域自由最大有效利用。通过连续地分析、协调和动态利用空中交通流量管理措施和程序以减少航班延误和空中交通安全、有序和快速流动。

空中交通流量管理系统的作用是：科学地安排空中交通量，使得空中交通管制系统中总的交通量与其空中交通的资源的可承受量相适应。其目标是：当某空中交通管制系统的需求超出或即将超出资源的可用能力时，保证空中交通流量实现最佳的流入或通过相应的区域。具体包含以下几点。

（1）通过确保交通密度安全的流动和最小化交通汇聚以改进空中交通管理系统的安全性。

（2）通过平衡容量和流量需求确保飞行各阶段最佳的交通流动。

（3）有利于所有利益相关方协同配合以实现在出现空中交通容量限制时的有效、灵活的流动，向空域使用者提供最佳的选择。

（4）平衡所有空域用户的合法需求和矛盾，促进对所有空域用户的公平。

（5）考虑空中交通管理资源限制以及经济和环境利益。

（6）通过所有利益相关方的协同配合促进对限制的管理，对效率的管理和不可预见事件的管理，将影响系统容量的突发事件和改变尽量减少。

（7）便于促进无缝隙的、协同的空中交通管理系统的实现，确保与国际接轨和兼容性。

为减少空中交通系统限制带来的影响，流量管理运行过程中还需采用一些平衡容量和需求的方法，可以通过对空中交通流量的管理和规划来完成。因此空中交通流量管理、规划和运行应遵循以下原则。

（1）在确保安全的前提下，优化机场和空域可用容量。

（2）在保持安全水平的前提下，最大化运行效率。

（3）促进同所有受影响的参与者及时有效的协同配合。

（4）促进国际合作实现最优的、无缝的空中交通环境。

（5）空域是一种除考虑安全和国防需求外，应确保对所有用户公平和透明的资源。

（6）支持采用新技术和程序，提高系统容量和效率。

（7）增强系统的可预见性，帮助航空用户实现经济效率和回报最大化，支持其他的经济行业，如商业、旅游和货物运输。

（8）不断改进以适应航空运输环境的日新月异。

第三节　空中交通流量管理方法

一、流量管理方法分类

按流量管理时间不同分为：长期、中期、短期流量管理。

长期流量管理：5年左右，包括新建机场，新增跑道，改善设备环境等。

中期流量管理：6个月到几年，主要包括开辟航路、航线，调整空域结构，从宏观上使空中交通网络流量分布更加合理，使空域利用更加有效。

短期流量管理：主要通过地面等待、空中等待、改航策略对空中流量进行调控，使流量与容量相匹配。

按流量管理空间不同分为：区域、终端区、机场场面流量管理。

区域流量管理：是指对大范围区域性流量问题进行管理与调控，主要处理航路、航路汇集点（导航点），管制扇区以及地区航路网等整体流量管理问题。

终端区流量管理：是指主要处理机场及走廊口区域，进场和离场排序与调度问题。

机场场面流量管理：是指对机场场面资源及航班流进行实时监控与管理。

按流量管理的级别不同分为：战略级、预战术级、战术级流量管理。

战略级流量管理：参照历史实时情况，结合未来一定时间的综合空情信息，对未来流量管理做出战略性规划。

预战术级流量管理：根据战略规划，结合信息网络提供的预测信息，预先调配流量。

战术级流量管理：根据战略规划，结合信息网络提供的实时信息，实时调控流量。

按流量管理的应用不同分为：容量评估、流量统计预测、航班时刻优化、地面等待、改航、终端区排序以及协同流量管理等。

其中，容量评估、流量统计与预测是流量管理的基础前提，为流量管理策略的制定提供科学依据；航班时刻优化、地面等待、改航和终端区排序是流量管理的主要方法；协同流量管理是一种安全、高效、公平的流量管理机制，旨在利用协同决策技术与方法改进流量管理策略，以提高流量管理的有效性和公平性。

空中交通流量管理的目标是保证空域流量与容量的平衡，流量管理的实施方法即为增加容量和调整流量。在不同的时期，分别以空域的划分和交通流的规划为目标，可将空中交通流量管理方法分为以下几种。

1. 长期法（从概念到实现一般要 5 年左右）

包括建造更多的机场，增加机场的跑道数量，改善硬件设备环境，提高空中交通管制技术，如更新航行系统等。但是这些都需要大量的资金，周期长，见效慢。

2. 中期法（从概念到实现一般要 6 个月到 5 年）

包括增加空中航线，修改空域结构等。这些方法使得空中交通网络的空中交通流量从宏观上更加合理，能更加有效地利用空域，相比之下也更加经济。

3. 近期法

该法通过采用航班时刻优化、地面等待、空中等待、终端区航班排序、关键点实时监视等策略直接对空中交通流量进行控制，使得空中交通流量与空域、机场的容量相匹配，从而减少拥挤。

近期法是在短期内可有效提高空中交通流量、保障飞行安全的方法。对航班飞行的实时及预测监视，对关键点的冲突探测，对到港航班的终端区（进近）排序的辅助决策，以及地面等待策略等短期流量调整的实施，能有效地提高飞行安全水平，提高空域吞吐量，减少航班延误时间和经济损失，减轻管制员的工作负荷。与长期法和中期法相比，近期法实现时间短，投入少，却能得到较高的效益。因此，近期流量管理措施是国内外流量管理研究的热点。

二、各阶段流量管理策略

短期流量管理涉及空域的划分和交通流的规划，可以细分为战略、预战术、战术三个阶段，每阶段分别采取不同的流量管理策略，如表1-1所示。

表 1-1　常见流量管理策略

	战略	预战术	战术
垂直			改航（高度限制）
水平	航路规划	航路规划	点平衡
			改航（重新规划航路）

续表

	战略	预战术	战术
水平	航路规划	航路规划	改航（改航备降航路）
			航路手册（灵活航路）
纵向			尾随间隔（时间）
			尾随间隔（距离）
			最小起飞间隔
时间	航班时刻表	流量管理预告	时隙交换
			地面延误程序
	飞行程序设计		地面停止
			空中等待

（一）战略流量管理

战略流量管理也称先期流量管理，规划的时间范围为飞行前几个月到实际飞行的前两天。由于这个阶段属于流量的长期规划范畴，战略流量管理由空中交通管制中心（Air Traffic Control，ATC）、航空公司和军航管制中心共同完成。

在这个阶段的管理措施为：长期航班时刻表、军航训练计划的制定，一般在每年冬季根据以往的历史数据以及对下半年情况的预测制定下半年的民航航班计划；扩大空域系统容量，调整航线结构，扩建机场跑道，开放新空域，划分军民航空域。

（二）预战术流量管理

预战术流量管理也称飞行前流量管理，规划的时间范围为实际起飞的前一天到两天，属于中期的规划范畴。根据更新的需求数据（例如气候的改变、春运等）对战略规划进行调整。这一阶段的主要措施有：预测受影响的空域、机场的流量和容量，调整航线，优化航班时刻表。最终的结果是发布每日的航行通告。

（三）战术流量管理

战术流量管理也称为动态流量管理和实时流量管理。战术流量管理规划的时间范围是飞行当天。

战术流量管理采取的主要方法如下。

1. 地面延误程序（Ground Delay Program，GDP）

这是一种战略、预战术、战术流量管理方法。战术阶段的地面延误程序是指航空器在指定机场或空域进行等待以管理空中交通容量和需求的空中交通管理过程。在此过程中，根据可获得的进入限制空域或者限制机场的到达时隙指定相关航班的起飞时隙。地面延误程序的目的是让空中等待最小。

2. 协同地面等待（Collaborative Decision Making Ground Delay Program，CDM GDP）

利益相关方通过信息共享参与 GDP 过程，充分考虑航空公司及机场运行目标，促使地面延误程序时隙分配更为合理，使飞机在起飞机场地面等待，实现减少延误、提高经济效益等目标的过程。

3. 空域流量程序（Airspace Flow Program，AFP）

这是一个空中交通流量管理过程。通过类似 CDMGDP 程序来指定进入指定空域的时隙，从而管理容量和需求的过程。当航班同时受 GDP 和 AFP 程序控制时，通常 GDP 程序分配的时隙优先。

4. 尾随间隔（Miles In Trail，MIT）

这是一种战术流量管理方法。要求航空器间保持指定的距离或时间间隔标准。这些间隔距离可以是对指定的机场、定位点、高度、扇区和航路的要求。

5. 地面停止（Ground Stop，GS）

这是一种战术流量管理方法。为使航空器满足指定标准使航空器在地面等待的过程。由于地面等待对用户的潜在影响，如果时间和环境允许，其他流量管理方法应当优先于 GS 方法。

6. 空中等待（Airborne holding）

这是一种战略上设定的战术流量管理方法。要求航空器进行预定的标准等待以应付短 期容量和需求平衡的过程，或者提供短期的缓冲以使在某些特定的气象事件发生时增加容量。

7. 时隙交换（Slot Swapping）

这是一种战术流量管理方法。可以通过人工或者自动的方式实现。使空域用户能够通过交换时隙改变通过限制区域的次序。这种方法使空域用户能够在有限制的环境下更好地管理业务。

8. 改航（Rerouting）

这是一种战术流量管理方法。由管制单位指定航路而不是飞行计划中的航路。根据战术阶段的具体情况，改航有多种形式。

9. 航路手册（Playbook routes）

这是一种战略、预战术、战术流量管理方法。一系列协同的、公布的、预先定义的重复出现的航路规划方案。在系统受限阶段辅助加速航路协调。

10. 高度限制（Level capping scenarios）

这是一种通过限制航空器航路飞行高度或者通过某航路点高度，以满足空域活动限制需要或者避免相关管制扇区超过管制工作负荷的流量管理方法。

11. 最小离场间隔（Minimum Departure Intervals）

这是一种战术流量管理方法。管制员会为连续离场的航空器间设置一个离场间隔。最小起飞间隔通常一次应用不超过 30 min 且仅当离场扇区极度繁忙或者容量突然减少时（设备故障或气象条件等原因）才使用。

12. 点平衡（Fix balancing）

这是一种战术流量管理方法。给航空器指定一个计划外的进场点或离场点，以分配需求、避免延误。这种方法常用于当受对流天气影响，标准仪表进场程序（STAR）或标准仪表离场程序（SID）不可用的情形。

由于各个国家地区流量管理发展程度不同，空中交通管理系统差异等原因，对应不同的流量管理时期，采取的流量管理措施各有侧重。表 1-2 给出了不同国家地区流量管理方法对比。

表 1-2　流量管理方法对比

管理方法	时　间	FAA	Euro control	中　国
扩大空域系统容量：调整空域、航线结构，扩建机场、跑道，采用大型机	5 年以前			
预测空域流量和容量，优化航班时刻表	18～13 个月		战略性	
	12 个月到 14 天前			战略性
	13～7 天前			预战术性
预测空域流量和容量，优化航班时刻，调整非定期航班	6～2 天	战略空中交通流量管理（流量规划）	预战术性	预战术性
预测空域流量和容量，调整航空器起飞时间、飞行航线	起飞前		战术性	战术性
调速，控制移交点时间，增开扇区，空中等待	飞行中	战术流量控制		实时

（四）事后运行分析

事后运行分析是各阶段空中交通流量管理规划和管理过程的最后一步，具体指对运行阶段采取的措施和结果以及流量管理单位与相关单位间的协调进行分析。这个过程可以改进运行流程和相关活动，并形成最佳的范例和教材。

虽然大部分的运行分析过程可以由空中交通流量管理单位自己来进行，但是为了优化事后运行分析的结果，应当与利益相关方协同进行分析，认真听取相关单位的反馈意见，促进分析结果更加可靠有效并达到最优结果。

事后运行分析阶段还应该评估空中交通流量管理每日计划（ADP）以及其他相关活动。评估报告还应该加以评估与分析，以做出适当的调整和改进。

事后运行分析阶段包括对预期的或非预期的事件的分析、空中交通流量管理措施和延误的分析、应用假定运行情景的分析、发布的飞行计划和空域数据分析。比较预期的结果和实际结果的差异，通常以航班延误和航线延长为依据，同时也要考虑到性能指标。

所有空中交通流量管理利益相关方都应该对运行情况进行反馈，流量管理单位应当制定标准的电子表格以便自动收集分析相关反馈信息。

为了做好事后运行过程的分析工作，建议对复杂的区域采取视频回放的方式来进行分析。

事后运行过程分析有如下目的。

（1）分析运行趋势，寻找改进空间。

（2）进一步分析流量管理方法的因果关系，有助于制定未来的行动和发展方向。

（3）为优化空中交通管理系统效率而搜集更多的信息。

（4）可以对指定的特定区域进行分析，譬如违规运行，特殊事件等。

（5）为优化空中交通管理系统提供建议，同时促进只采用必要的、最少的流量管理措施。

确保具备条件的空中交通流量管理利益相关方及时获知相关结果是十分重要的，建议执行如下程序。

（1）收集和评估数据且与目标对比。

（2）在每日的班组运行总结讲评会上收集整理、回顾、总结信息。

（3）通过每周的运行管理总结会议来评估运行结果和运行程序，并通过培训和系统升级来改进性能。

（4）定期召开会议与利益相关方共同对运行进行回顾和分析。

空中交通流量管理在民航运输业的发展中占有重要地位，与地面交通一样，公路系统的良性发展是保障地面交通繁荣发展的必然条件，民航班机数量的扩充和机场的扩建如果没有空中交通管理系统的同步建设与其相匹配，将无法形成整个航空运输业发展的合力，建设航空强国目标的实现必然会受到阻碍。民用航空运输系统的高速发展给空中交通管制的发展提出了更高的要求，因此为了实现民用航空的不断发展，空中交通流量管理的相关研究及系统开发势在必行。

第四节　欧美空中交通流量管理发展

一、美国空中交通流量管理

空中交通流量管理问题直接来源于实际的管制工作。20 世纪 60 年代，当空中交通流量达到一定水平，空中拥挤频繁出现时，空中交通流量问题才引起人们的广泛关注，并着手开始相关的研究。为了应对空中交通拥塞和大量航班延误，美国和欧洲很早就开始研究流量管理的理论、技术、方法和程序，并根据各自的空管体制建立了包括管理机构、运行程序、规章制度、规范标准、系统设备等在内的完整流量管理体系。美国联邦航空局从 20 世纪 60 年代便启动流量管理系统的建设，至 90 年代初步建成了军民一体的全国飞行流量管理系统。欧洲则经历了几十个国土和领空范围较小的国家分别管理空域的"困惑期"，最终于 20 世纪 90 年代建成了欧洲统一的流量管理体系——欧管（Euro Control），并在各成员国推行"欧洲单一天空计划"。欧美建成的流量管理体系在提高美国和欧洲航空运输和军事飞行效率、保证安全中发挥了令人瞩目的重要作用。

早在 20 世纪 60 年代，美国的空中交通流量便开始急剧增长，空中交通延误的情况随之增加。从那时起，美国联邦航空管理局便开始研究并建立国家空域系统（Nation Airspace System，NAS）。扩建机场、增加跑道、开辟新航路等方法能够增加空域系统的容量，初期能够解决一些问题。随着经济的发展，有限空域资源的不断消耗和竞争加剧，FAA 意识到单纯从量上增加空域容量是不够的，必须要建立一套全国范围的空中交通管理系统，才能够从质上提高对国家空域系统的安全有效使用。

位于华盛顿特区的中央流量控制机构（Central Flow Control Facility，CFCF）和位于全国各管制单位的流量控制席位（Traffic Management Unit，TMU）构成了美国先期的国家流量管理系统。以此为基础，FAA 和美国运输部开发完善了相应的软硬件系统，升级为增强的流量管理系统（Enhanced Traffic Management System，ETMS）。

到 20 世纪 90 年代，为了满足 21 世纪的空中交通日益增长的要求，FAA 和 DOT 又提出了在以下几个方面增强空中交通流量管理系统的功能：提高数据交换能力，以在空中交通管制部门与航空公司运行部门之间更加实时、准确地传递信息；通过协同决策，加强所有空中交通流量管理相关部门之间的联系和协商；进行国家空域系统的流量分析，采用自动化程度更高、更为精确的辅助工具分析空中交通流量，评估国家空域系统的状态。1994 年建成的空中交通流量指挥中心（Air Traffic Control System Command Center，ATCSCC）坐落于美国弗吉尼亚州的 Herndon 郡，位置紧邻杜勒斯国际机场。该中心的主要功能是对全美空中交通进行全面有效的监视、控制，探测影响全美空中交通流量的因素和原因，并进行及时有效的干预，做出相应的流量管理决策，是美国空中交通流量管理方案的最高决策机构，行使监控相关部门决策执行的权力。

美国联邦航空局从 20 世纪 60 年代开始研究并建设流量管理系统，从最初的繁忙机场流量管理单元，航路/区域流量管理子系统，到 1994 年投入运行空管指挥中心，已形成运行规范、功能完备的三级流量管理体系。

如图 1-6 所示，空管指挥中心作为美国飞行流量管理体系的顶层运行和管理机构，负责监视和管理整个国家空域系统的空中交通流量，与分布在各地的下级交通管理席位、军方、航空公司等空域用户进行协调，主要承担战略飞行流量管理的任务。航路/区域流量管理单元主要承担自己所管辖区内的战术飞行流量管理，与其上级、相邻和下级流量管理单元进行协调。终端/进近区和塔台流量管理单元管理该辖区飞行，确保终端/进近区、机场高效的交通流量。如今，联邦航空局流量管理系统已经拥有了以流量管理中心为核心，以设置在区域管制中心、终端管制中心和一些繁忙机场塔台以及海外的总共 87 个流量管理单元为支持和执行机构的流量管理体系。美国流量管理系统在不断更新，目前的流量管理系统正呈现出从以机场为核心的 GDP 程序向以空域为核心的 GDP 程序发展的趋势。

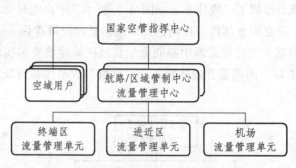

图 1-6　美国流量管理系统运行体系

美国联邦航空局规划飞行流量管理的发展目标是在改进和提高交通流安全性的基础上，支持自由飞行。1998 年到 2015 年期间，分别在基础设施、数据交换、协同决策和国家空域系统流量分析评估四个方面进行新的研发，逐步向新航行系统过渡，由流量管理人员、管制人员、航空公司签派人员和飞行员协同决策，实现自由飞行。

新的国家空管指挥中心（流控中心）在 2011 年建成并投入运行，该新中心接入更加完整、精确、实时的空管信息，采用基于 SWIM 架构的空管信息共享机制和基于时间的流量管理新技术，实现对全国空管态势的实时监视，处理天气和其他潜在因素对空中交通流量的干扰，监督和协调各空管单元以及航空用户，包括航空公司、军方和通用航空，对国家空域资源进行全面管理以平衡需求和容量的关系，最小化航班延误、尽可能少地干预飞行员的操作、减少燃油及尾气排放，降低运营成本。

二、欧洲空中交通流量管理

20 世纪 90 年代至今，欧洲各国协同开发以全欧洲范围为目标的空中交通管理网络体系，目前主要处在各国局部开发阶段，其中以德国的发展为代表，通过分析研究法兰克福机场的管理与运作状况，针对实际情况开发了比较完善的空中交通管理系统，应用于法兰克福机场的管理，取得了明显的效果。

经过不断发展，欧洲在布鲁塞尔建立了欧洲统一的中央流量管理中心（Central Flow Management Unit，CFMU），负责欧洲的各项空中交通流量管理任务，并通过流量管理席位（Flow Management Position，FMP）协调各区域管制中心的管制活动，配合 CFMU 具体实施空中交通流量管理，以实现减轻空中交通管制工作负荷、保证空中交通的畅通、充分利用空域资源、减少空中交通拥挤造成损失的目标。欧洲空中交通流量管理系统目前正在发展基于机场的协同决策技术（Collaborative Decision Making，CDM）。机场 CDM

的目的是加强所有机场部门的合作，通过现有信息和资源的共享来提高决策质量，从而提高机场所有部门的效率和表现。

　　欧洲的流量管理系统是空中交通管制系统的辅助系统。欧洲从 20 世纪 70 年代开始建设飞行流量管理机构，研制相关系统，先后建成 14 个国家地区级飞行流量管理机构，在 84 个航路/终端区管制中心设立了流量管理席位，90 年代建立了管理全欧洲流量的中央流量管理中心系统，形成了二级体系，如图 1-7 所示。中央流量管理中心负责协调管制部门、航空公司、航空服务部门、机场，提出流量管理决策建议。航路/终端区管制中心的流量管理席位根据中央流量管理中心的流量管理决策建议实施实时飞行流量管理。航路/终端区管制中心以下的流量管理按照各个"欧管"成员国各自规定或国家间的运行协议执行管理。

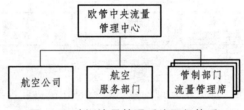

图 1-7　欧洲流量管理系统运行体系

三、不同流量管理体系比较

　　目前，欧管与美国联邦航空局正在研究流量管理系统信息共享机制，为欧美空管一体化提供支撑。表 1-3、表 1-4、表 1-5 以及图 1-8、图 1-9 分别列出了美国和欧洲流量管理的异同。

表 1-3　美国和欧洲流量管理特点对比

	美国流量管理	欧洲流量管理
交通特点	·计划航班占主导地位 ·输送中心机场占主导地位的流量 ·地区航机和一般喷气飞机百分比的持续增加 ·对直飞的更多需求 ·平均飞行时间：2 h 8 min ·平均飞行长度：602 海哩 ·2004 年管理的 IFR 航班达 4 680 万	·计划航班占主导地位 ·中心和轮辐之间的流量不是主要因素 ·地区航机和一般喷气飞机百分比的持续增加 ·在 ECAC 的平均飞行时间：1 h 20 min ·平均飞行长度：470 海哩 ·2004 年管理的 IFR 航班达 890 万
飞机特点	·路线/航线以及扇区的特点是通过集中的空域界定和管理结构控制的 ·跨/通过扇区和中心的流量是空域/扇区形态的主导特点	·各个欧洲航空服务提供商控制对他们各自的空域扇区划分和路线的界定

续表

	美国流量管理	欧洲流量管理
天气特点	• 冬天以雪和冰为主，主要影响到机场的运作 • 春夏主要受对流天气的影响，从而使机场和中途空域的使用受到影响 • 航空集散站天花板高度和可见度影响运作，降低了能力	• 冬天以雪和冰为主，主要影响到机场的运作 • 航空集散站天花板高度和可见度影响运作，降低了能力 • 对流天气不是一个重要因素

表 1-4 美国和欧洲流量管理概念的比较

	美国流量管理	欧洲流量管理
目标	• 确保系统资源的有效利用 • 尽可能利用系统资源 • 确保交通不超过系统资源的安全能力	• 通过最佳利用现有能力提供最佳的交通流 • 降低与堵塞带来的使用者成本 • 使空中交通管制避免超负荷
参与者	• 国家和地区范围的流量管理单元 • 地区单元位于控制塔、接近控制和航路设施 • 控制塔、航空集散站和航路航空交通控制员 • 飞机操作者们	• 中央和地方流量管理单元 • 在每个航空交通控制中心的飞行管理职位 • 控制塔、航空集散站和航路航空交通控制员 • 飞机操作者们
流量管理机制	• 对离港前和离港后的流量管理，关注对机场和航路堵塞 • 国家范围和地方启动的流量指导 • 国家和地方流量管理使用广泛混合的流量动议类型（地面延误、地面停留、空中盘旋、速度限制、测量、排序、改变航线）	• 主要关注离港前航路堵塞管理、有限的战术流量控制 • 地面停留/空位分配正在从航路堵塞管理堵塞扩展 • 出于处理问题考虑，流量管理技巧，如变更航线、海拔封顶以及拖曳里程更多地被加以考虑

表 1-5 美国和欧洲管制流量管理组织结构的比较

	美国流量管理	欧洲流量管理
信息流	• TFM 提供 TFM 计划编制和系统限制信息 • 使用者计划行程和路线信息 • 电话会议和网络为基础的工具在信息交流中起到了重要作用	• 电话会议和网络为基础的工具在信息交流中起到了重要作用 • CFMU 提供了 ATFM 计划编制和系统限制的信息 • 使用者计划行程和路线信息

	美国流量管理	欧洲流量管理
通信基础设施	•TFM 通信是通过 FAA 的地面通信设施实现的 •使用者向 TFM 通信基础设施提供了通信链接 •广泛、自动、机对机信息传输	•使用者向 CFMU 通信基础设施提供了通信链接（通常通过 AFTN，SITA 和公用互联网）
硬件基础设施	•在"中心"站点进行集中处理，在客户站点进行有限处理 •在 80 个设施场所拥有 960 个工作站，包括航路设施、集散站雷达接近控制设施、机场交通管制塔以及地区办公室 •美国现在正在升级现有的 TFM 基础设施的过程中	•在 CFMU 级别上进行集中处理 •集散站在地方的 ANSP 上 •CFMU 目前正在将额外的应用配置到地方性 ANSP 和 AOC 的过程中 •400 个客户拥有 CFMU 集散站（265 个航空操作员、61 个流量管理职位、51 个航空交通服务单元）

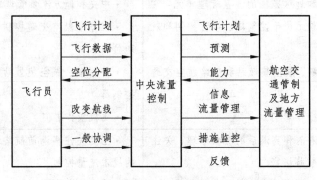

图 1-8　美国流量管理控制中心的运行结构

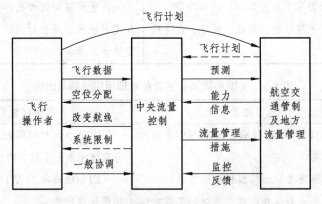

图 1-9　欧洲流量管理控制中心的运行结构

第五节 我国空中交通流量管理发展

一、需求及意义

近年来，随着国民经济的高速增长，中国民航运输业的市场需求不断扩大，民航运输量始终以很高的增长率保持发展。我国的航空运输量从 20 世纪 80 年代以来增长迅速，以年平均 20%的速度增长。根据中国民航"十三五"规划以及民航业内有关研究机构对空中交通运输发展的预测，未来 5 年，中国民航的机队规模、机场数量以及民航运输量都将继续保持高速增长。2018 年，全行业完成运输总周转量 1 206.53 亿吨千米，比上年增长 11.4%。国内航线完成运输总周转量 771.51 亿吨千米，比上年增长 11.1%；国际航线完成运输总周转量 435.02 亿吨千米，比上年增长 12.0%。全行业完成旅客周转量 10 712.32 亿人千米，比上年增长 12.6%。国内航线完成旅客周转量 7 889.70 亿人千米，比上年增长 12.1%；国际航线完成旅客周转量 2 822.61 亿人千米，比上年增长 14.0%。

同时，民航空管部门使用的空域资源却扩展有限。这一局面导致大量航班因流量控制而出现延误。流量控制反映了两个方面的问题，一方面是空域紧张，空管服务水平需要提高；另一方面是民航业发展很快，延误量很大。从 20 世纪 90 年代初开始，我国管制系统中推行了一系列改革，如：完善安全管理制度，增强管制能力，逐步改善空域和航线结构，引进新的管制设备，向雷达管制过渡，高度层改革和缩小飞行间隔等等。但是航班不正常率仍然居高不下，2018 年，全国客运航空公司共执行航班 434.58 万班次，其中正常航班 348.24 万班次，平均航班正常率为 80.13%。2018 年，主要航空公司共执行航班 316.43 万班次，其中正常航班 252.98 万班次，平均航班正常率为 79.95%，表1-6 中显示了截止到 2018 年，我国航空运输的不正常原因分类统计。

表 1-6　2018 年航班不正常原因分类统计

指标	占全部比例%	比上年相比增减%
全部航空公司不正常原因	100	
其中：天气原因	47.46	−3.83
航空公司原因	21.14	12.52
空管原因（含流量原因）	2.31	−5.42
其他	29.09	−3.29
主要航空公司不正常原因	100	
其中：天气原因	48.62	−2.85
航空公司原因	21.00	11.75
空管原因（含流量原因）	2.75	−5.38
其他	27.63	−3.52

各管制单位要严格执行流量控制的相关规定，细化本单位流量控制方案，合理确定

流量控制时间，参考航程确定流控范围，防止流控时间过长、范围过大，尽可能减少流量控制对航班正常的影响。要合理开放扇区，调配值班力量，提高本单位大流量的应对能力。要准确掌握气象条件变化，尽早组织气象原因流控后的运行恢复。增强大局意识，充分利用本单位管制容量，主动承担空中交通流量和管制任务，防止工作相互推诿，杜绝流量控制层层加码。

虽然为了改善现有的交通拥挤状况我国空管采取了大量的措施，但交通拥挤的状况仍然没有得到较好的改善，已经严重影响了我国航空运输系统的运行效率和经济效益。为此，我们迫切需要进行空中交通流量管理方面的研究，借鉴国外空中交通流量管理的相应经验，建立先进适用的符合我国国情的空中交通流量管理系统，优化空中交通流量分布，减少空中延迟，使我国空中交通系统能够安全、有序、高效地运行。

二、我国民航流量管理机构

我国民航局空中交通流量管理机构分为三个级别：全国级、地区级、终端级。

民航局空管局全国流量管理工作应按照民航局空管局授权和要求进行管理，地区空管局地区内流量管理工作应按照民航局空管局和地区空管局的授权和要求进行管理。

全国级流量管理单位负责监督地区级流量管理单位的日常流量管理工作；地区级流量管理单位负责监督终端级流量管理席位的日常流量管理工作。

各相关流量管理单位（席位）应当及时维护和更新相关单位的通信信息，以便各单位按照规定的协同关系开展运行协调。

随着空管体制改革的不断推进，流量管理运行体系成为流量管理运行三级体系，如图 1-10 所示。顶层为民航局空中交通流量管理中心，负责统一组织和实施全国民用航空空中交通流量管理和空域管理。地区空中交通流量管理中心局实施本区域内空域的动态调配和战术流量管理。

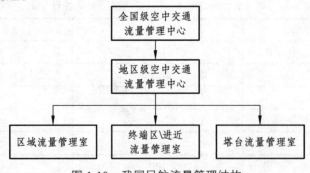

图 1-10　我国民航流量管理结构

（一）民航局飞行流量管理单位的职责

全国级主要负责全国范围内流量和容量的监控，按照管理权限负责相关的、必要的流量管理工作，包括但不限于流量管理方法的选择，流量管理预案以及流量管理措施的制定和发布，并按照管理权限负责相关流量管理措施影响的航班的调配和管理等全国流量管理相关的工作和协调，具体包括如下内容。

（1）掌握全国的飞行计划和飞行动态。

（2）监控国际航路、国内主要航路和飞行量密集地区的飞行流量，提出实施流量控制的措施并组织实施。

（3）控制民航定期和不定期飞行起飞、降落时刻。

（4）与非民航有关单位进行协调。

（5）协调地区管理局飞行流量管理单位之间发生的流量管理问题。

（6）协调地区管理局飞行流量管理单位与航空器经营人航务部门之间出现的有关流量的问题。

（二）地区管理局飞行流量管理单位的职责

地区级主要负责地区空管局所辖范围内流量和容量的监控，按照管理权限负责地区范围内相关的、必要的流量管理工作，包括但不限于流量管理方法的选择，流量管理预案以及流量管理措施的制定、发布和执行，应按照管理权限负责区域内或对外区影响较小的流量管理措施影响的航班的调配和管理等地区流量管理相关的工作和协调，具体包括如下内容。

（1）掌握本地区管理局范围内的飞行计划和飞行动态。

（2）监控本地区管理局范围内的飞行流量，提出实施流量控制的措施并组织实施。

（3）按照中国民航局飞行流量管理单位的指令，组织本地区管理局有关管制单位落实指令的要求。

（4）对本地区管理局各机场定期和不定期飞行起飞、降落时刻提出审核意见。

（5）与本地区有关的非民用航空单位进行协调。

（6）协调本地区管理局各空中交通管制单位之间发生的有关问题。

（7）协调本管理局空中交通管制单位与航空器经营人航务部门之间出现的有关流量的问题。

终端级主要负责本管制单位范围内流量和容量的监控和管理，按照管理权限负责本区域内相关的、必要的流量管理工作，包括流量管理方法的选择，流量管理预案以及流量管理措施的制定、发布和执行，应按照管理权限负责区域内或对外区影响较小的流量管理措施影响的航班的调配和管理等管制区域范围内流量管理相关的工作和协调。具体由终端区/进近、塔台、区域流量管理室负责执行上级流量管理分中心提供的流量管理措施，并反馈执行情况。

三、流量管理研究现状及趋势

1994 年，国内开始出现一些介绍国外流量管理系统的文章，有关的研究工作也逐渐开展起来。1997 年，中国民航局空管局的段和明在分析我国流量管理中存在的主要问题基础上，提出建立中央数据库，集成各类空管数据，并建立我国的国家流量管理系统。

同年，南京航空航天大学徐肖豪开展的"空中交通流模型及流量管理方法研究"得到了国家自然科学基金的资助。在 1999 年重新修订的《中国民用航空空中交通管理规则》中，明确提出在我国实施流量管理的组织机构和管理原则。

1999 年年底，中国民航局空管局在京召开了全国空中交通流量管理研讨会。参加会议的有来自华北、华东、中南地区民航空管局的代表、来自一线管制单位和各大航空公司的代表以及来自国内各高校的代表。研讨会上，充分交流了对流量管理问题的认识。各大高校代表也介绍了各自在流量管理方面的研究。北京航空航天大学的研究集中在终端区交通管理咨询系统和流量管理中的信息系统。南京航空航天大学则主要研究 GDP 和单跑道容量评估模型，并开发了以 GDP 为基础的航班排班系统。在借鉴国外的理论模型和应用系统的基础上，中国民航学院的研究则以开发适合我国管制实际的流量管理试验、应用系统为主。中国民航飞行学院、四川大学、西北工业大学和西南交通大学研究的重点则集中在流量管理的理论模型上，尤其是 GDP、航空器进场排序算法等方面的研究。清华大学针对空中交通管理指挥监测系统进行研究开发，提出了管制区级的短期流量管理模型。1999 年研讨会召开至今，国内各高校流量管理的研究重点仍然没有太大的变化。

空中交通流量管理是空中交通管理的重要组成部分，也是当前航空界研究的热点问题。随着世界航空运输的快速发展，空中交通流量持续增长，空中交通拥塞问题频繁发生。实施科学、有效的空中交通管理决策已经成为各航空发达国家的共同选择，研究相应的理论方法与应用系统无疑具有重要的理论价值和显示意义。流量管理研究主要包括以下内容。

（一）流量统计与预测

流量统计与预测是指通过考虑统计与预测对象的异质性（如机型、飞行种类及规则等），融合航班时刻表数据，AFTN 电报数据、ACARS 电报数据和雷达数据，计量制定时段和指定空域内的航空器服务架次。

（二）航班时刻优化方面

航班时刻优化策略用于通过优化制定航班时刻表，以减轻机场繁忙时段的运输压力，有效地利用时空资源，提高机场运营效率。科学、合理地确定航班时刻表，既能充分利用有限的机场和空域资源，增加飞行流量；也能减少空中交通冲突和拥挤现场，提高航空安全性，减少空中等待和改航等；还能理顺机场的运营，方便旅客出行，减少滞留时间，具有经济和社会效益。长期以来，航班时刻表是通过航班协调会协商制定的，但确定大量的航班时刻是一项复杂和繁重的协调工作，难以做到科学、合理。实际上，确定民航航班时刻表是一个典型的优化问题。研究航班时刻优化方法具有重要的理论意义和实用价值。

（三）地面等待策略

地面等待策略用于解决由于机场供给容量急剧下降而突发严重拥挤问题，旨在将昂贵的空中等待转化为相对低廉的地面等待，以减少改航、备降或空中等待等。地面等待问题研究是指在满足机场、航路等空域单元容量约束的前提下，如何安排飞机延迟起飞，目标是使总延误损失最小。地面等待策略最基本的问题就是确定需要等待的航班及其所需等待的时间。一般来讲，根据设计的机场数量，地面等待问题可分为单机场和多机场地面等待；根据受约束限制单元多少，可分为单元受限和多元受限地面等待问题；根据系统容量是否确定，又可分为确定性和随机性地面等待问题。

（四）改航策略方面

改航策略是指当空域单元受恶劣天气、军航活动或重大事件等因素影响，造成时空资源或服务能力下降时，采取的一种避让受限空域单元的有效措施。国外改航问题的研究始于 20 世纪 90 年代，主要是研究航班放行组织方案和基于避让受限空域的动态航径选择方法，即求解各种容量受限下的延误损失最小化问题。不确定随机天气下的动态改航问题是目前研究的热点，随机恶劣天气改航模型和动态求解算法是研究的关键。

（五）终端区排序方面

终端区排序是指在确保安全的前提下使进场、离场飞机充分发挥各自的飞行性能，尽量减少飞机之间的相互影响和飞行延误，提高飞机的准点率。自 20 世纪 80 年代以来，国外在着陆排序问题上的研究十分活跃，在理论和实际应用方面都取得了一些重要成果。

（六）协同流量管理方面

协同流量管理作为一种安全、高效和公平的流量管理机制，旨在利用协同决策技术与方法改进流量管理策略，以提高有效性和公平性。协同流量管理是一种协同合作的理念，即通过整合管理者和使用者提供的数据得到更准确的信息，使之共享这些信息，从而做出合理的决策。

四、目前存在的问题

虽然我国的航空交通流平均密度跟国际上的航空大国相比相差较远，但是由于流量极不均衡，并且没有建立完善的空中交通管理系统，因此在一些繁忙的航路和终端区，如北京、上海和广州等地，交通的拥挤已经变得十分严重。空中交通管制部门对流量管理工作的传统做法，在当前流量控制问题日益突出的今天显得非常费力，先期流量控制、飞行前流量控制、实时流量控制在执行过程当中因统一协调不够而带有很强的主观色彩，直接造成某些地区飞行混乱。

目前我国空中交通流量管理存在的主要问题是缺乏一个比较先进的、完善的流量管理系统，而想要建立这样一个系统，目前还存在以下问题。

（一）缺乏快速、全面、有效的信息采集手段

信息的获取是做出正确的管理决策的首要前提。空中交通流量管理系统是一个高度复杂的动态系统，它的有效性依赖于是否能够快速地获得准确的空中交通数据。这些数据主要包括：飞行计划、飞行动态信息、雷达信息、气象信息等。

（二）缺乏信息的传输手段和统一的管理规则

由于飞机从起飞到降落要跨越多个不同的管制区，实施流量管理往往需要各管制区协调配合才能完成，但是目前缺乏将信息迅速传递到各管制区的手段和各管制区管理流量的统一规则以及统一的支持设备。

（三）自动化程度低

在实施管制的过程中，飞行前流量控制和实时流量控制通常只能由管制员根据当时的交通情况进行估计并采取措施，由于人的计算、记忆能力有限，而影响容量、流量的因素又多，人工不可能做出较长时间的准确估计。

在我国现行空管体制和运行体系结构中，没有建立流量管理和空域管理体系，不能连续监控全国飞行流量，预测流量变化趋势，科学规划航路航线和空域结构，合理、灵活配置空域资源，及时协调军民航运行流量、空域管理。在航空事业和军事需求发展迫切需要下，建设中国特色的国家飞行流量监控中心系统势在必行。

我国流量管理体系研究和建设虽然起步较晚，但通过借鉴国外流量管理体系建设经验，结合我国空管体制特点，跟踪空管最新技术，可以高起点建设我国流量管理体系。

（1）我国流量管理体系的建设不需再重复欧美从下而上逐步建设、完善的模式，而应在充分研究我国军民航空管运行现状和空管体制改革发展的基础上，做好顶层设计，建立科学的流量管理体系架构、完善的运行机制、统一的法规标准，采用从上而下逐步建设、完善的模式，首先建设国家飞行流量监控中心，再逐步建设各级军民航流量管理系统。

（2）充分利用空管最新技术成果，研究更加有效的流量管理手段，建立信息共享、协同运行平台，在信息准确性、完备性、实时性、一致性的基础上，实现飞行流量的高效、安全、低碳、动态管理，确保流量管理系统的技术先进性和对未来体制改革的适应性。

（3）流量管理体系不是一个自封闭系统，通过跟踪国外流量管理技术、方法、程序和标准的发展，实现与国际接轨和与其他国家、地区流量管理系统的交联、协同运行，适应空管全球一体化发展趋势。

（4）流量管理体系作为空管体系的组成部分，应该充分考虑空管空防一体化问题。

第二章 交通流理论

交通流理论是研究交通流随时间和空间变化规律的模型和方法体系。多年来，交通流理论在交通运输工程的许多领域（如交通规划、交通控制、道路与交通工程设施设计等）中被广泛地应用着，应该说交通流理论是这些研究领域的基础理论。近些年来，尤其是随着智能运输系统的蓬勃发展，交通流理论所涉及的范围和内容在不断地发展和变化，如控制理论、人工智能等新兴科学的思想、方法和理论已经用于解决交通运输研究中遇到的复杂问题，又如随着计算机技术的发展，模拟技术和方法越来越多地被用来描述和分析交通运输工程中的某些过程或现象。

空中交通流是交通流的一种，是指空中的某个时间段和空间范围内运行的航空器所形成的航空器流。空中交通流具有交通流的共性，但由于组成交通流的是航空器和空域网络，因此空中交通流与道路交通流有一定差异，一些交通流理论可以借鉴到空中交通流的研究中。

第一节 交通流

一、交通流定义

交通流理论是研究交通流随时间和空间变化规律的模型和方法体系，是为了描述交通流而采用的一些数学或物理的方法，是一门边缘科学，它用分析的方法阐述交通现象及其机理，使我们更好地理解交通现象及其本质。并使城市道路与公路的规划设计和运营管理发挥最大的功效。

各种运输方式由于载运工具自身的特点不同，交通网络流也不同。下面分别对几种不同的交通网络流进行介绍。由于铁路运输流的运行是有轨运行，和船舶运输流、道路（公、路）交通流、空中交通流有着较大的差别，因此本章不再提及。

道路上的行人或运行的车辆构成行人流或车流，人流和车流统称为交通流。一般交通工程学研究中，有特指时的交通流是针对机动车交通流而言的。交通流的定性和定量特征，被称为交通流特性。观测和研究发现，由于在交通过程中人、车、路、环境的相互联系和影响作用，道路交通流具有以下三个基本特性。

（一）两重性

对道路上运行车辆的控制既取决于驾驶员，又取决于道路及交通控制系统。一方面，驾驶员为了避免与其他车辆发生冲突，必然受到道路条件及交通控制系统的制约；另一方面，驾驶员又可以在一定的时空条件下，依据自己的意志自由地改变车速和与其他车辆的相对位置。

（二）局限性

由于机动车和道路的物理尺寸所限，车辆运行中相互之间可能会相互妨碍。仅由于道路通行能力的限制和车辆间的相互制约，就有可能引起交通拥挤；另外，车速也是有限的，并因车辆和时空条件而异。

（三）时空性

由于车速是随机变化的，机动车在时间上和空间上的状态都是不相同的，因此，交通流既是现有时间变化规律，又有其空间变化规律。

道路交通流的以上三个特性进一步说明：道路交通是一个复杂的动态系统。由这三个特性出发，将道路上的交通流用交通量、速度、密度三个基本参数加以描述。观测、整理和研究这些参数的变化规律以及它们之间的相互关系，可以为分析道路上的运营状况、交通规则、路网布设、线形设计、运输调度与组织、运力投放与调控以及为现有道路交通综合治理提供起决定作用的论证数据。

二、交通流研究发展

交通流理论的发展与道路交通运输业的发展同科学技术的发展密切相关，在交通运输业发展的不同时期和科学技术发展的不同阶段，对交通流理论的需求和研究能力都不同，因此产生了交通流理论的不同发展阶段。

按照时间顺序，交通流理论可以划分为三个阶段。

（一）创始阶段

此阶段被界定为 20 世纪 30 年代至第二次世界大战结束。在此期间，由于发达国家汽车工业和道路建设的发展，需要摸索道路交通的基本规律，以便对其进行科学管理，道路交通产生了对交通流理论的初步需求，需要有人对其进行研究。此阶段的代表人物为格林希尔治（Bruce D. Greenshields），其代表性成果是用概率论和数理统计的方法建立数学模型，用以描述交通流量和速度的关系，并对交叉口交通状态进行调查。正是由于其奠基性工作，人们常常将格林希尔治称为交通流理论的鼻祖。

（二）快速发展阶段

此阶段被界定为第二次世界大战结束至 20 世纪 50 年代末。在这一阶段，发达国家的公路和城市道路里程迅猛增长，汽车拥有量大幅度上升，此时交通规划和交通控制已经被提到日程。如何科学地进行交通规划和控制，需要交通流理论提供支持。此阶段的特点是交通流理论获得高速发展，并产生了多个分支和学术上的多个代表人物。学术分支包括：车辆跟驰（car following）理论、基于流体力学的交通波理论（traffic wave theory）和排队理论（queuing theory）等。此时期诞生的本领域的代表性人物有：沃德洛尔（Wardrop）、鲁契尔（Reuschel）、派普斯（Pipes）、莱特希尔（Lighthill）、惠特汉（Whitham）、纽厄尔（Newel）、韦伯斯特（Webster）、伊迪（Edie）、佛特（Foote）、张德勒（Chandler）、赫尔曼（Herman）等。

（三）稳步发展阶段

此阶段被界定为 1959 年以后至今。此阶段由于汽车的普及，交通问题已经成为世界各国大中城市越来越严重的问题，需要发展交通流理论来加以解决。正是这种需求，使交通流理论得到稳步发展。1959 年举行了第一次国际研讨会（The First International Symposium on the Theory of Traffic Flow），并确定本次会议为三年一次的系列会议（Series of Triennial Symposia on the Theory of Traffic Flow and Transportation）的首次会议。除了这一系列会议以外，近些年来在世界各国又举行了许多交通运输领域的专题学术年会，这些年会都涉及交通流理论。

按照研究手段和方法，交通流理论可划分为以下两类。

传统交通流理论，所谓的传统交通流理论是指以数理统计和微积分等传统数学和物理方法为基础的交通流理论，其明显特点是交通流模型的限制条件比较苛刻，模型推导过程比较严谨，模型的物理意义明确，如交通流分布的统计特性模型、车辆跟驰模型、交通波模型、车辆排队模型等。传统交通流理论在目前的交通流理论体系中仍居主导地位，并且在应用中相对成熟。

现代交通流理论，现代交通流理论是指以现代科学技术和方法（如模拟技术、神经网络、模糊控制等）为主要研究手段而形成的交通流理论，其特点是所采用的模型和方法不追求严格意义上的数学推导和明确的物理意义，而更重视模型或方法对真实交通流的拟合效果。这类模型主要用于对复杂交通流现象的模拟、解释和预测，而使用传统交通流理论要达到这些目的就显得很困难。

传统交通流理论和现代交通流理论并不是截然分开的两种交通流理论体系，只不过是它们所采用的主要研究手段有所区别，在研究不同的问题时它们各有优缺点。在实际研究中常常是两种模型同时使用效果更好。

第二节 交通流三要素

道路上的行人或运行的车辆构成行人流或车流，行人流和车流统称为交通流，没有特指时交通流一般指机动车流。交通流运行状态的定性、定量特征称为交通流特性，用以描述交通流特性的一些物理量称为交通流参数，参数的变化规律即反映了交通流的基本性质。交通流的基本参数有三个：交通流量、速度和密集度，也称为交通流三要素。

一、交通流密度

流量是指在单位时间内，通过道路某一点、某一断面或某一条车道的交通实体数（对于机动车流而言就是车辆数）。流量可通过定点调查直接获得，流量和车头时距有以下关系，设流量为 q，单位为 veh/h，T 为观测时段长度；N 为观测时段内的车辆数，则三者有如下关系：

$$q = \frac{N}{T} \tag{2-1}$$

设 h_i 为第 $i+1$ 辆车与第 i 辆车的车头时距，观测时段长度和车头时距有如下关系：

$$T = \sum_{i=1}^{N} h_i \tag{2-2}$$

将式（2-2）代入式（2-1），设 $\overline{h}$ 为前后车头时距的平均值，则流量和 $\overline{h}$ 满足：

$$q = \frac{N}{T} = \frac{N}{\sum\limits_{i=1}^{N} h_i} = \frac{1}{\frac{1}{N}\sum\limits_{i=1}^{N} h_i} = \frac{1}{\overline{h}} \tag{2-3}$$

二、交通流速度

（一）地点速度

地点速度，也称为即时速度、瞬时速度，通常表示为 u，定义为车辆通过道路某一点时的速度，公式为：

$$u = \frac{\mathrm{d}x}{\mathrm{d}t} = \lim_{t_2 \to t_1 \to 0} \frac{x_2 - x_1}{t_2 - t_1} \tag{2-4}$$

式中 x_1 和 x_2 分别为时刻 t_1 和 t_2 的车辆位置。雷达和微波调查的速度非常接近此定义。车辆地点速度的近似值也可以通过小路段调查获得（通过间隔一定距离的感应线圈来调查）。

（二）平均速度

（1）时间平均速度 $\bar{u}_t$，就是观测时间内通过道路某断面所有车辆地点速度的算术平均值，令 u_i 为第 i 辆车的地点速度，N 为观测的车辆数，则有：

$$\bar{u}_t = \frac{1}{N}\sum_{i=1}^{N} u_i \tag{2-5}$$

（2）区间平均速度 $\bar{u}_s$ 的定义有两种，一种定义为车辆行驶一定距离 D 与该距离对应的平均行驶时间的比值，设 t_i 为车辆 i 行驶距离 D 所用的行驶时间，则有：

$$t_i = \frac{D}{u_i} \tag{2-6}$$

$$\bar{u}_s = \frac{D}{\dfrac{1}{N}\sum_{i=1}^{N} t_i} \tag{2-7}$$

（2-7）式适用于交通量较小情况下的区间平均速度计算，所观察的车辆应具有随机性。对式（2-7）进行如下变形：

$$\bar{u}_s = \frac{D}{\dfrac{1}{N}\sum_t t_i} = \frac{D}{\dfrac{1}{N}\sum \dfrac{D}{u_i}} = \frac{1}{\dfrac{1}{N}\sum \dfrac{1}{u_i}} \tag{2-8}$$

式（2-8）表明区间平均速度是观测路段内所有车辆行驶速度的调和平均值。区间平均速度也可用行程时间和行程速度进行定义和计算。行驶时间与行程时间的区别在于行驶时间不包括车辆的停车延误时间，而行程时间包括停车时间，为车辆通过距离的总时间。行驶速度和行程速度则分别对应于行驶时间和行程时间的车速。

区间平均速度的另一种定义为某一时刻路段上所有车辆地点速度的平均值。可通过沿路段长度调查法得到：以很短时间间隔 t 对路段进行两次（或多次）航空摄像，据此得到所有车辆的地点速度（近似值）和区间平均速度。设 u_i 为第 i 辆车平均速度；Δt 为两张照片的时间间隔；S_i 为在 Δt 间隔内，第 i 辆车行驶的距离。

$$u_i = \frac{S_i}{\Delta t} \tag{2-9}$$

$$\bar{u}_s = \frac{1}{N}\sum_{i=1}^{N} \frac{S_i}{\Delta t} = \frac{1}{N\Delta t}\sum_{i=1}^{N} S_i \tag{2-10}$$

研究表明，这种方法获得的速度观测值的统计分布与实际速度的分布是相同的。

（3）时间平均速度和区间平均速度的关系。

对于非连续交通流，例如含有信号控制交叉口的路段或严重拥挤的高速公路上，区分这两种平均速度尤为重要，而对于自由流，区分这两种平均速度意义不大。当道路上车辆的速度变化很大时，这两种平均速度的差别非常大。设 k_i 为第 i 股交通流的密度；K 为交通流的整体密度。

时间平均速度和区间平均速度的关系如下：

$$\bar{u}_t - \bar{u}_s = \frac{\sigma_s^2}{\bar{u}_s} \quad \sigma_s^2 = \sum k_i (u_i - \bar{u}_s)^2 / K \tag{2-11}$$

研究人员曾用实际数据对式（2-11）进行回归分析，并得到两种平均速度的如下线性关系：

$$\bar{u}_s = 1.026\bar{u}_t - 1.890 \tag{2-12}$$

三、交通流流量

密集度（Concentration）包括占有率和密度两种含义。

（一）占有率

占有率 o 即车辆的时间密集度，就是在一定的观测时间 T 内，车辆通过检测器时所占用的时间与观测总时间的比值。对于单个车辆来说，在检测器上花费的时间是由单个车辆的速度 u_i、车长 l_i 和检测器本身的长度 d 决定的。

$$o = \frac{\sum_i (l_i + d) / u_i}{T} = \frac{1}{T} \sum_i \frac{l_i}{u_i} + \frac{d}{T} \sum_i \frac{1}{u_i} \tag{2-13}$$

将上式第二项的分子分母同时乘以 N，再将式（2-4）式（2-11）代入可得：

$$o = \frac{1}{T} \sum_i \frac{l_i}{u_i} + d \cdot \frac{N}{T} \cdot \frac{1}{N} \sum_i \frac{1}{u_i} = \frac{1}{T} \sum_i \frac{l_i}{u_i} + d \cdot \frac{q}{\bar{u}_s} \tag{2-14}$$

将基本公式

$$q = k\bar{u}_s \tag{2-15}$$

代入式（2-13）后得

$$o = \frac{1}{T} \sum_i \frac{l_i}{u_i} + d \cdot k \tag{2-16}$$

其中 T 是车头时距的总和，k 为密度。将上式的分子分母同时除以 N 得

$$o = \frac{\sum_i \frac{l_i}{u_i}}{T} + d \cdot k = \frac{\frac{1}{N} \sum_i \frac{l_i}{u_i}}{\frac{1}{N} \sum_i h_i} + d \cdot k = \frac{\frac{1}{N} \sum_i \frac{l_i}{u_i}}{\bar{h}} + d \cdot k \tag{2-17}$$

如果假定车身长度取定值 l，c_k 为车身长度与检测器长度之和，上式可简化为：

$$o = \frac{\frac{1}{N} \sum_i \frac{l}{u_i}}{\bar{h}} + d \cdot k = \frac{1}{\bar{h}} \cdot l \cdot \frac{1}{N} \sum_i \frac{1}{u_i} + d \cdot k = l \cdot \frac{q}{\bar{u}_s} + d \cdot k = (l+d)k = c_k k \tag{2-18}$$

由于单个检测器的长度 d 是恒定的，则该式表明占有率与密度是成正相关的，由此可得区间平均速度计算公式：

$$\overline{u}_s = \frac{q \cdot c_k}{o} \qquad (2-19)$$

除此以外，交通工程中还引用了空间占有率的概念来表示交通流空间占有率，指一定路段上车辆总长度与路段总长度之比（取百分数）。

（二）密　度

交通密度 k 代表车辆的空间密集度，就是某一瞬间单位道路长度上存在的车辆数，即

$$K = \frac{N}{L} \qquad (2-20)$$

密度可通过沿路段长度调查法获得，设 S_i 为第 i 辆车与前车的车头间距，h_i 为第 i 辆车与前车（第 $i-1$ 辆车）的车头时距；u_i 为第 i 辆车的车速，则

$$k_i = \frac{1}{S_i} = \frac{1}{h_i u_i} \qquad (2-21)$$

式中，$\overline{k}$ 为平均交通密度；N 为记录的车头间距数，则有

$$\overline{k} = \frac{1}{\dfrac{1}{N} \sum S_i} \qquad (2-22)$$

或者

$$\overline{k} = \frac{1}{\dfrac{1}{N} \sum\limits_{i=1}^{N} \dfrac{1}{k_i}} \qquad (2-23)$$

以上两式说明平均交通密度等于各股交通流密度的调和平均值。

第三节　空中交通流

空中的某个时间段和空间范围内运行的航空器所形成的航空器流被称为空中交通流。除了具有交通流的共性，空中交通流的特点有：一般情况下，航空器在空中交通流网络系统内，由管制员指挥保持安全间隔，平稳流动；当出现拥挤时，流量管理系统的管理功能发挥作用，有时进行流量控制，有时对没有起飞的飞机实行地面等待，将空中等待转化为地面等待以减少损失，而且同道路交通流相比，空中交通流不具有两重性。

广义上讲空中交通流量就是单位时间和空间范围内航空器飞行的数量。具体分为以下两种：

（1）瞬时交通量，某时刻在空域内的航空器架次。

（2）时间段交通量，某个时间段内通过某空域的航空器架次。

10:00:00 时刻空域内的航空器飞行位置如下：

10:10:00 时刻空域内的航空器飞行位置如下：

　　根据空中交通流量定义，10:00:00 的瞬时流量=4 架次（4、5、6、7），10:10:00 的瞬时流量=3 架次（4、5、6），10:00:00—10:10:00 时间段的流量=5 架次（2、4、5、6、7）。

　　在空中交通流量管理过程中，主要针对空域时间段流量进行管理，即对某时间段内通过空域的航空器流进行调整。而空域内的瞬时交通量仅能评价空域某时刻的拥挤程度，在空中交通流量管理中应用较少。

　　实际上，衡量空域内某时段、时刻的交通量仅用航空器架次作为依据是不够的，因为航空器机型、空域内气象条件、通信导航设备状态、航空器位置性质等都是影响空域内飞行态势的重要条件，在航空器架次相同的条件下，以上任意因素变化都会直接影响空中交通服务质量和空域的资源分配。因此空中交通流、空中交通流量研究是一个复杂的过程。所以一些道路交通流的理论可以借鉴到空中交通流的研究中，但不能照搬。

第三章 空中交通系统容量

空中交通流量管理旨在满足一定性能指标和安全指标的前提下，调整交通需求使其与空域系统中各限制单元的容量相匹配。空中交通流量管理过程就是通过采取一系列手段与措施（如开辟临时航线、调整空域结构、利用地面等待、空中等待等），以提高空域利用率，缓解空中拥挤，建立安全、有序和快速的空中交通流量的过程，其本质是使交通需求与空域容量平衡的过程，在此过程中，准确、高效地评估空域容量是先决条件，是空中交通流量管理的前提和基础。

近年来，随着航班量的增长，大面积交通拥挤情况正由终端区逐渐蔓延到区域，加之我国空域的使用受军航影响程度较深、限制范围较大，航路飞行可用资源匮乏等因素，如何解决我国区域交通流量管理问题，实现区域交通资源的有效利用，发掘区域潜在交通服务能力迫在眉睫，而建立科学的区域容量评估技术和方法是关键。本章主要讨论空中交通网络系统中的容量模型，在介绍了有关概念、影响因素及研究概况后，针对空中交通流网络系统的各个部分容量进行了详细的讨论，通过考虑各种情况，给出了相应容量的计算模型。

第一节 空域容量概念

一、定 义

"容量"是对英文原文"capacity"的直译，实际更多指的是"能力"。通常表示为某一给定时间内某一空中交通管理资源（空域扇区、航路点、机场等）能够接收的最大航空器数量。测量的时间通常为 1 h。

空中交通流量管理就是为了空中交通安全、有序、迅速地流动而设置的服务，以保证最大限度地利用空中交通管制单元的容量，并使交通量与空中交通服务公布的容量相一致。

从流量管理的概念不难看出，实施流量管理的关键是对空域容量进行比较准确的估计。在流量管理问题的研究过程中，总是把空管系统中的一些容量限制单元作为数学模型的主要约束。可以说，容量评估是流量管理的基础和前提。容量评估的准确性直接影响到流量管理实施的效果。此外，容量评估是空域规划与评估的重要内容。

通常，对空管单元容量进行评估有以下目的。

（1）研究不同流量给系统带来的拥挤程度，确定系统可以承受的最大流量，并把评估结果作为航班时刻表制定、管制间隔配备等流量管理措施实施的主要依据。

（2）针对给定的空管单元结构、空管服务设备、空管规则、飞机流配置和管制员水平估计空管单元的最大容量，研究这些限制因素对空管单元容量的影响程度，并提出改进限制因素的方案以提高空中交通容量。

对空管单元的经济性评估也是空管单元评估的一个重要内容，但是其基础也是对空管单元容量的评估。在我国，很多航空器的拥挤是由于某些时段的流量过大造成的。对空管单元的经济性评估可以通过经济手段缓解这些时段航空器的拥挤现象，并使空管单元利用的经济效益达到最大。此外，对空管单元的安全性评估也是空管单元评估的一个重要方向。

由此可以看出，对空管单元的评估无论是在理论上还是在实际应用方面，都具有重要的现实意义。

二、分　类

空中交通系统容量是针对某一空管单元（跑道、扇区、终端区等）或者系统的。所谓空管单元或者系统的容量，是指在一定的系统结构（空域结构、飞行程序等等）、管制规则和安全等级下，并考虑可变因素（飞机流配置、人为因素、气象因素等等）的影响的基础上，该空管单元在单位时间内能提供多少架次航空器的服务。不管对于哪一种类型的空管单元，容量可以分为实际容量和最大容量（又称为饱和容量、极限容量）。

（一）最大容量

最大容量定义为指定时间内，在持续服务请求下空管单元的最大飞机服务架次。持续服务请求是指总有飞机在等待进入或离开该空管单元，这在民航实际中极少发生，因此最大容量仅用来反映系统所能提供的最大服务能力。

（二）实际容量

实际容量定义为在可接受的延误水平和所有约束条件下，对于某种服务请求，在指定时间内该空管单元可容纳的飞行架次。相比最大容量，实际容量增加了延误程度的限制，然而延误程度和服务请求密切相关，不同的服务请求带来不同的实际容量。比如在一段时间内，如果多架航空器同时请求服务，会造成比较严重的延误。由此可见在不同的服务请求下，即不同的进离场流量下，机场的实际容量是一个变化值。

实际容量和最大容量的区别在于是否用延误定义。对于实际容量，航班的延误程度和服务需求密切相关，在一段时间内，如果多架航空器同时请求服务，会造成比较严重的延误；而如果它们陆续请求服务，就有可能降低甚至消除延误。最大容量并不反映系统的拥挤程度和延误水平，但可以反映系统所能提供的最大服务能力。

（三）声明容量（Declared Capacity）

声明容量定义为空中交通管制系统或者其任何子系统或者运行席位在正常运行条件下向航空器提供服务的能力的度量方法。通常用在给定的一段时间内进入指定的空域的航空器数量来表示，同时充分考虑天气情况、空管单位结构、现有人员和设备以及可能影响负责该空域的管制员的工作量的任何其他因素。声明容量可以认为是管制单位宣布的在保障安全的前提下能够提供的最大空中交通通行能力，通常用于空中交通服务单位向流量管理单位宣布其"能力"值，使扇区不超工作负荷。

通常所说的空中交通容量一般是指空中交通最大容量，而运行单位在实际过程中使用的容量为声明容量。

三、容量评估方法

当前容量评估的主要方法包括基于计算机仿真模型的评估方法、基于管制员工作负荷的管制模拟机评估方法、基于历史统计数据分析的评估方法和基于数学模型的评估方法。下面分别对以下四种方法进行概括。

1. 基于计算机仿真模型的评估方法

该方法通过建立描述环境和人为扰动的随机变量以及描述飞行管制过程的逻辑规则库，模拟空中交通系统的特征，以对空域单元的实际容量、延误水平、冲突点和冲突数量进行评估，并给出适用于实际运行条件的各空域单元的最大容量和运行容量。

2. 基于管制员工作负荷的雷达模拟机评估方法

该方法基于管制模拟机的空域仿真环境，根据管制员工作状态、管制经验、空域结构、管制手段等各种因素的影响，通过量化管制员工作负荷来预测扇区容量，分析实际评估中管制员的个体差异和模拟环境对结果的影响。

3. 基于历史统计数据分析的评估方法

该方法通过对历史统计数据进行分析，获得各空域单元的运行容量。尤其针对空域单元具有较大的空中交通流量或空域单元流量经常超过机场的实际运行容量等情况，通过分析实际运行容量的方法获得最大容量。通过进一步优化该方法，克服数据收集困难、数据量大、样本数据的数量和质量直接影响结果等缺点，并根据不同空域运行情况通过与资深管制员交流最终确定容量结果。

4. 基于数学模型的评估方法

该方法通过概率统计或随机模拟方法，建立主要为时间/空间分析的数学模型，确定空域容量，给出结合最后进近阶段的跑道最大容量的评估。同时可将人为因素引入并加以量化，使容量评估结果更为合理。

四、容量评估理论及应用发展

在航空业发达的地区和国家（例如欧洲和美国）该方面的研究工作早在 20 世纪 60 年代就已经开始了，并取得了很多的研究成果。研究范围从单一的跑道容量模型发展到区域容量模型。在这些地区和国家，研究人员通过在实际的飞行实验中取得的大量的实际数据，又通过对这些实际数据的研究分析，建立起了一整套比较完善的理论体系。Bowen 和 Pearcelf 最早提出了单一跑道容量模型，其后，Blumstein，Newell 等人相继完善该模型。1969 年 Harris 提出了考虑随机因素的容量模型，美国联邦航空局根据该模型制定了一套容量手册以供参考；对于空域容量问题的研究起步相对较晚，1970 年 Gene 和 Marner 首次将针对跑道的容量概念扩充到终端区和航路上，1977 年 K. Schmidt 用排队论的方法对其进行了间接分析，1981 年 Milan Janic 和 Vojin Tosic 进一步对该问题进行了研究。现在西方国家已经在这些理论研究的基础上开发出相对较完善的空域评估及仿真系统：Eric R. Hughes 等人开发的 FACELIFT FY97 是针对空域的自由飞行（Free Flight）进行评估；欧洲控制实验中心（Eurocontrol Experimental Center，EEC）根据 Deutsche Flugsicherung GmbH（DFS）的要求对德国基于区域导航（RNAV）的空域进行评估；Graphical Airspace Design Environment（GRADE）以及 Simmod Plus 软件对空域从机场到航路进行设计评估和分析。可以说，西方国家对空域容量问题进行了大量的研究，其评估和仿真系统也趋向完善。

同时，发达地区和国家正积极地推广和实施自由飞行。所谓"自由飞行"，即在开放的天空中，飞机所飞的路径由飞行员自己决定，允许航空器自由地在空域中直飞，这样低发生率的空中危险接近更是联邦航空局（FAA）和美国国家航空航天局（NASA）所关心的问题。根据美国技术办公室的资料，美国的空中撞机事件有上升的趋势。随着航空活动的增加（OTA，1988），将来新的自动 ATC 装置和空中交通管制程序可以明显改变这个趋势。自由飞行的推广自然会对空中危险接近的评估增加一个不确定元素。从这一点上讲，很明显需要更好的工具和技术来使空中危险程度得以量化。

由于我国民航事业起步较晚，民航运输业的发展程度较低，现在无论是民航运输业实力方面还是航空科研能力方面，可以说都还是刚刚起步，很多的管制方法和管制规定都是从国际民航组织照搬过来的，没有进行独立的科学理论研究，无法形成一个完善的空中交通管制基础理论体系。这导致了很多不适合我国国情的方法和规定依旧还在使用，影响了我国民航事业的发展，严重桎梏了民航运输业的生产力发展。因此及早地对这方面的课题进行研究已经成了迫在眉睫的问题。

目前，国内这方面的研究工作主要集中于南京航空航天大学民航学院空中交通系的流量管理研究。通过对空中流量的讨论，即针对在飞行规则已经确定、飞机在空中的最小间隔标准已经确定起来的条件下进行。在该前提条件下，尽量对航班的飞行时间进行合理的调配，使之能在各种空中飞行规则已经确定、空中交通资源已经固定的情况下，能够尽量充分地利用这些资源，达到最好的交通流量的效果。

胡明华教授和刘松臣等人在 1999 年针对单跑道机场容量估计做了大量的研究工作。他们研究了单跑道三种使用策略（起飞、降落、起飞/降落）下的确定性容量模型和随机性容量模型，并以上海虹桥为背景进行了仿真，开发了终端区和单跑道机场容量估计仿真软件，验证了单跑道容量模型的正确性和实用性。而对于空域容量的问题，更实际可行的研究方法是进行仿真研究，通过进行分析统计得出容量结果。同年胡明华教授和张志龙等人进行了终端区容量的模型研究，他们讨论了影响空管系统的诸多因素：建立了航路（航段）交叉点容量估计模型，分析了不同的流量分配方案及机型混杂比对交叉点容量的影响，建立了终端区空域的容量估计模型，并用网络流理论分析了终端区的容量，并分析了走廊口的流量分配、交通流特征、空域结构、间隔规则对终端区容量的影响，较好地解决了空域主观容量的评估问题。2000 年胡明华教授和杜骏等人使用仿真的方法对空中交通管制系统的终端区容量估计问题进行了更系统的研究，针对空域、航路结构等限制讨论了终端区空域容量。2015 年赵振武等人采用模糊网络分析法（Fuzzy-ANP）建立了机场旅客安检系统保障能力评估指标体系。2016 年王永刚等人提出机场安全运行保障能力模型，建立机场安全运行保障能力因果关系图。2017 邢志伟等人建立了基于带有时间窗车辆路径问题（VRPTW）的航班保障服务流程模型。同时部分研究者利用机场运行仿真工具对航空器或车辆运动进行仿真以分析运行效率和保障时间的变化趋势。

经过多年的探索和研究，目前已经积累了丰富的研究经验和成果。随着我国机场规模不断扩大，管制设备不断更新，跑滑结构和空域系统日趋复杂，如何在现有研究的基础上完善模型和方法，能适用于当前空域系统，是容量评估方面亟待解决的问题。同时，如何将以往分散的研究成果通过更加完善的理论体系和切合实际的综合仿真平台体现出来，成为新的研究热点。

第二节 机场容量评估

一、机场容量影响因素

机场容量的评估是一个比较复杂的研究论题，因为影响机场容量的因素有很多。在飞行方面，需要考虑的就有空域结构（导航台，进离场航路，终端区等），跑道的使用策略，滑行道的布局及其运行方式，脱离道的种类和位置，停机位/登机门的种类、数量和布局。这主要包括动态影响因素和静态影响因素两个方面。动态影响因素主要包括以下几部分。

（1）飞行所需要达到的安全目标等级。

（2）有关的最小间隔规定：落地飞机之间、起飞飞机之间、落地/起飞飞机之间。

（3）机场空域结构，包括机场的净空条件、进近/离场程序的结构等。

（4）使用的机队结构，指在该机场起降的航空器的尾流分类，通常用重型、中型、轻型来划分。

（5）起降飞机的比例。

（6）跑道的使用策略，对于单跑道没有使用策略的选择，必须是混合起降的，但在某一时段可能是仅用于起飞或者降落；对于多跑道必须选择起飞、降落、起飞/降落跑道的最优组合以适应不同的交通服务请求。

（7）使用的进近方式，指使用的是目视还是仪表进近，是非精密进近还是精密进近。

而静态影响因素主要由机场地面本身的结构所决定，对机场的地面容量影响更大，主要包括以下内容。

（1）跑道及脱离道的影响：机场跑道和脱离道的条数以及脱离道与跑道间的夹角，都影响航空器对跑道使用的情况。比如航空器使用的起降跑道、航空器的地面滑行速度等等，都会影响到一定单位时间内的航班运营流量。

（2）滑行道的影响：机场地面滑行道的布置状况将极大地影响整个机场地面航空器的运营快慢。此外，某段滑行道的临时的通断状况也直接影响到航空器滑行路线的选择。

（3）停机坪/位的影响：停机坪/位的个数、停机坪/位与滑行道的结构关系以及停机坪/位本身能停放的航空器类型都直接影响到机场地面对航空器的吞吐快慢。停机坪/位的个数越多，与滑行道的结构关系越合理，本身能停放的航空器类型越多，就越有利于航空器在地面的调度与滑行。

二、单跑道机场容量评估

单跑道是机场跑道构型最简单的模式，单跑道容量计算也是跑道容量评估的基本问题，因此本节针对单跑道运行特点和管制规则，介绍单跑道容量评估方法。

（一）问题提出

按照我国《中国民用航空空中交通管理规则》（CCAR-93TM），对起飞、降落、滑行中的航空器实施空中交通管制时应符合以下规则。

（1）后方航空器可以起飞滑跑，必须满足：在前面先起飞航空器已飞越跑道末端，或在跑道上空改变航向已无相撞危险，或者根据目视或前方着陆航空器报告，确认着陆航空器已脱离跑道。

（2）当着陆航道、跑道上没有其他航空器、车辆，降落航空器可以着陆。

（3）当跑道、起飞航道上没有其他航空器、车辆，起飞航空器可以滑跑起飞。

根据以上规则说明：当机场跑道接收航空器起飞时，该航空器起飞过程时间为滑行上跑道阶段、起飞滑跑阶段、起飞爬升阶段所用时间总和，即起飞跑道服务时间。当机场跑道接收航空器着陆时，该航空器降落过程时间为着陆阶段、减速阶段、滑行脱离阶段所用时间总和，即降落跑道服务时间。当有航空器占用跑道起飞、降落时，其他航空器不得在此时间范围内进入用跑道。

起降间隔指依次起降或降落的两个航空器的起飞或降落时间差。起降间隔优化指在满足安全的前提下尽量减小平均起降间隔，以增加跑道运行效率并减少管制工作负荷。

设有 N 架航空器 $f_1 \cdots f_i \cdots f_j \cdots f_N$ 依次在跑道起降，r_D 为起飞航空器比例，总起降时间为：

$$T_{i,j} = \sum_{i=0}^{N \cdot r_D} T_i^D + \sum_{j=0}^{N \cdot (1-r_D)} T_j^A \tag{3-1}$$

其中 $T_i^D T_j^A$ 别为航空器的起飞、降落间隔：

$$T_i^D = MAX[\Delta t_{i,taxi}, \Delta t_i^{free}, ..., \Delta T_{i-1,i}^{turb}] \tag{3-2}$$

$$T_j^A = MAX[\Delta t_{j,taxi}, \Delta t_j^{free}, ..., \Delta T_{j-1,j}^{turb}] \tag{3-3}$$

上式表示起降间隔为保障飞行安全的各种间隔的最大值。其中跑道滑行时间 $\Delta t_{i,taxi}$、跑道空闲时间 Δt_j^{free}、尾流影响 $\Delta T_{j-1,j}^{turb}$ 与机型、跑滑构型密切相关。

由此单跑道容量模型可以抽象为单位时间 T 与起降航空器占用跑道时间期望值倒数之积。

$$C_r = \frac{T}{\varepsilon[T_{ij}]} \tag{3-4}$$

（二）模型构造

如图 3-1（a）所示，着陆航空器 f_i 在此机场降落程序为：在 T_i^{land} 时刻得到着陆许可，沿最后进近航段飞行直至 $T_i^{touchdown}$ 时刻接地，在跑道上刹车减速，滑跑冲程结束时刻为 T_i^{reduce} 速度降至 50 km/h，继续减速直至 T_i^{turn} 时刻在跑道上进行 180°调头，T_i^{taxi} 时刻完成调头开始向滑行道入口处滑行，T_i^{exit} 时刻滑行至滑行道口，进行 90°转弯后于 T_i^{vacate} 时刻脱离跑道，全部机身处于停止等待线外侧。

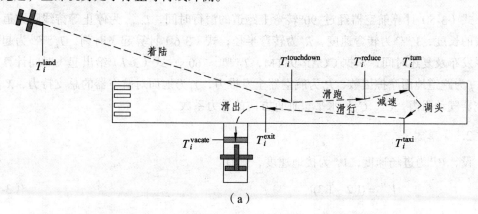

（a）

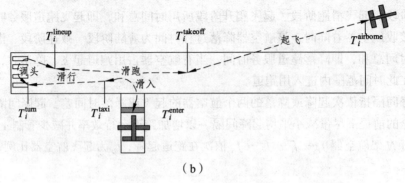

（b）

图 3-1　降落（A）、起飞（B）航空器运行过程

如图 3-1（b）所示，起飞航空器 f_i 在此机场起飞程序为：在 T_i^{enter} 时刻越过停止等待线进入跑道，T_i^{taxi} 时刻完成 90°转弯向跑道入口滑行，T_i^{turn} 时刻在跑道头进行 180°的调头，T_i^{lineup} 时刻对准跑道中心线准备起飞，T_i^{takeoff} 时刻航空器从静止加速直至到达 VR（抬前轮速度），并上升高度于 T_i^{airborne} 时刻脱离跑道末端。

1. 起飞过程

滑行阶段用时：

$$T_i^{\text{taxi}} = \frac{R_i \pi}{2V_i^{\text{turn}}} + \frac{L_{\text{enter}}}{V_i^{\text{turn}}} \tag{3-5}$$

起飞时刻：

$$t_{i,\text{rollstart}} = T_i^{\text{taxi}} + T_i^{\text{control}} + t_{i,\text{enter}} \tag{3-6}$$

滑跑、起飞时间：

$$V_L = \sqrt{\frac{2W}{\rho SC_{y.L}}} \; , \quad T_i^{\text{takeoff}} = \frac{1}{g}\int_0^{V_L} \frac{\mathrm{d}V}{\dfrac{P_i}{G_i} - f - \dfrac{\rho S_i}{2G_i}(C_x - fC_y)V^2} \tag{3-7}$$

飞越跑道时刻：

$$t_{i,\text{airborne}} = t_{i,\text{rollstart}} + T_i^{\text{takeoff}} \tag{3-8}$$

式（3-5）计算航空器经过 90°转弯上跑道的滑行时间，L_{enter} 为停止等待线距跑道中心线的长度，V_i^{turn} 为转弯速度，R_i 为转弯半径；式（3-6）计算起飞时刻，T_i^{control} 为起飞指令发布及复述时间，根据 CCAR-93TM，$T_i^{\text{control}} \leqslant 60\text{ s}$；式（3-7）给出起飞时间计算方法，$f$ 为跑道地面摩擦因数，P_i 为航空器全发推力，Y_i 为地面对航空器的总支持力，X_i 为航空器气动阻力，C_x，C_y 为水平、垂直方向的升力系数。

2. 降落过程

设，V_i^H 为进场速度，V_i^d 为接地速度，则有

$$V_i^H = (1.2 \sim 1.3)V_i^d \tag{3-9}$$

K_i 为接地迎角条件下飞机升阻比，降落滑跑冲程用时：

$$T_i^{\text{land}} = \frac{2(V_i^{\text{d}} - V_{\max})}{g\left(\dfrac{1}{K_i} + f\right)} \tag{3-10}$$

令 L_i^A 为减速冲程结束时与跑道头的距离：

$$L_i^A = \frac{1}{2} m \int_{V_{\max}}^{(V_i^d)^2} \frac{dV_i^{\,2}}{X_i + F_i} \tag{3-11}$$

降落时刻：

$$t_{i,\text{rollend}} = t_{i,\text{land}} + T_i^{\text{land}} \tag{3-12}$$

设第 j 条脱离道口距离跑道头 L_j^V，航班 f_i 进入该脱离道的最大速度为 $V_{i,j}^{\text{vacate}}$，减速距离为：

$$L_{i,j}^{\text{reduce}} = \frac{(V_{\max})^2 - (V_{i,j}^{\text{vacate}})^2}{2a_i} \tag{3-13}$$

航空器继续减速并沿最近的脱离道口离开跑道，脱离跑道条件为：

$$\begin{cases} L_{i,j}^{\text{reduce}} + L_i^A \leqslant L_j^V \\ \min\left(L_j^V - L_{i,j}^{\text{reduce}} - L_i^A\right) \end{cases} \tag{3-14}$$

若满足以上条件，航空器可经由第 j 条脱离道脱离，减速时间：

$$T_i^{\text{reduce}} = \frac{L_j^V - L_{i,j}^{\text{reduce}} - L_i^A}{V_{\max}} + \frac{V_{\max} - V_{i,j}^{\text{vacate}}}{a_i} \tag{3-15}$$

θ 值为滑行道中线与跑道中线夹角，脱离滑行时间为：

$$T_i^{\text{vacate}} = \frac{R_i\theta + \dfrac{L_{\text{enter}}}{\sin\theta}}{V_{i,j}^{\text{vacate}}} \tag{3-16}$$

脱离跑道时刻为：

$$t_{i,\text{vacate}} = t_{i,\text{rollend}} + T_i^{\text{reduce}} + T_i^{\text{vacate}} \tag{3-17}$$

3. 约束条件

根据 CCAR-93TM，前后机 f_i、f_j 使用同一跑道起飞、降落，设尾流间隔为 $\Delta t_{i,j}$，应满足以下规则：

连续降落时，前方降落航空器脱离跑道，且满足尾流间隔，后方降落航空器可得到着陆许可：

$$t_{j,\text{land}} \geqslant t_{i,\text{vacate}} \ \text{且} \ t_{j,\text{rollend}} \geqslant t_{i,\text{rollend}} + \Delta t_{i,j} \tag{3-18}$$

先起飞后降落时，前方航空器飞越跑道末端，且满足尾流间隔，后方降落航空器可得到着陆许可：

$$t_{j,\text{land}} \geq t_{i,\text{airborne}} \text{ 且 } t_{j,\text{rollend}} \geq t_{i,\text{rollstart}} + \Delta t_{i,j} \tag{3-19}$$

先降落后起飞时，降落航空器飞越跑道头后起飞航空器可进入跑道，根据目视或前方降落航空器报告确认脱离跑道，后方航空器可以起飞滑跑：

$$t_{j,\text{enter}} \geq t_{i,\text{rollend}} \text{ 且 } t_{j,\text{rollstart}} \geq t_{i,\text{vacate}} \tag{3-20}$$

连续起飞时，先起飞航空器已飞越跑道末端，且满足尾流间隔，后方航空器可以起飞滑跑。

$$t_{j,\text{rollstart}} \geq \max(t_{i,\text{rollstart}} + \Delta t_{i,j}, t_{i,\text{airborne}}) \tag{3-21}$$

4. 跑道容量计算

定义 T_i^D、T_i^A 为 f_i 起飞、降落跑道占用时间，设 f_i 为前机，f_j 为后机。

先降落后起飞情况：$T_i^A = t_{j,\text{rollstart}} - t_{i,\text{land}}$ $\tag{3-22}$

先起飞后降落情况：$T_i^D = t_{j,\text{land}} - t_{i,\text{enter}}$ $\tag{3-23}$

连续降落情况：$T_i^A = t_{j,\text{land}} - t_{i,\text{land}}$ $\tag{3-24}$

连续起飞情况：$T_i^D = t_{j,\text{rollstart}} - t_{i,\text{enter}}$ $\tag{3-25}$

设 r_D 为起飞比例，$1-r_D$ 为降落比例，N 为仿真运行的航空器总架次，T 为单位时间 3 600 s，跑道容量可以抽象为单位时间 T 与跑道占用时间期望值之比：

$$C = \frac{T}{\varepsilon[T_i]} = \frac{TN}{\sum_{i=0}^{N \cdot r_D} T_i^D + \sum_{j=0}^{N \cdot (1-r_D)} T_j^A} \tag{3-26}$$

（三）算例分析

利用 VC++编程对本文模型进行计算机数值模拟，数据输入如下：跑道全长 L=2 500 m，宽 w=60 m，道面干且刹车效应好，f=0.5，航空器最大滑行速度 $V_i^{\max}$=50 km/h，滑行转弯速度 V_i^{turn} =15 km/h，滑行减速度 a_i=0.65 m/s^2，滑行转弯半径 R_i=25 m。由于中小、支线机场起降机型多为尾流等级 M，进近类型为 C 的机型，此类航空器最大起飞全重为范围[7 000 kg，136 000 kg]，最大着陆重量为范围[6 000 kg，130 000 kg]，跑道入口速度在[224 km/h，261 km/h]的范围内。航空器重量 G_i，着陆入口速度 V_i^d，起飞抬前轮速度 V_i^R 都直接影响了航空器起降时占用跑道滑跑时间，而以上参数的变化将反映在着陆滑跑距离 D_i^L，起飞滑跑距离 D_i^T 的变化上，而滑行道道口位置 L_1 影响了航空器占用跑道滑行的时间。下图给出当 L_1 由 0 至 2 500、D_i^L、D_i^T 由 1 700 至 2 200 变化时，航空器起飞、着陆占用跑道时间 T_i^D，T_i^A 的变化趋势，如图 3-2（a）、图 3-2（b）所示。

由图 3-2（a）可知，当 $L_1 \leq 50$，起飞航空器滑行距离最短，当 $D_i^T = 1\,700$ 时 T_i^D 最短仅为 63.92 s，此时若不考虑尾流影响，机场跑道起飞容量最大为 56 架次。当 $L_1 > 50$ 航空器要向跑道头滑行并进行 180° 调头，滑行距离增加，T_i^D 增大。当 $L_1 \in [50,\ 350]$，T_i^D 随 L_1 线性增长。但若滑行距离较长，平均滑行速度也会增加，因此 T_i^D 在一个较短的区间基本为常数 144.69 s。但滑行速度不能超过 50 km/h，因此当 L_1 越大，航空器逆向滑行段越长，T_i^D 成线性增长。而 D_i^T 越大，意味着航空器起飞滑跑距离越长，加速时间也增加，因此 T_i^D 随之增大，当 $L_1 = 2\,500$，$D_i^T = 2\,200$ 时，T_i^D 最大为 453.29 s，机场一小时内仅能起飞 7.9 架次。

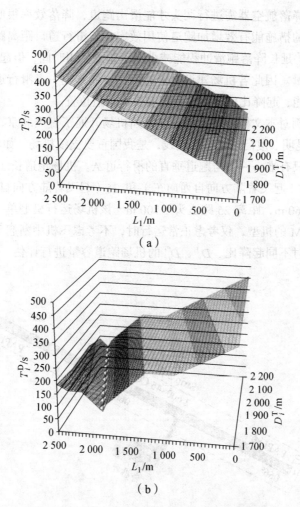

图 3-2　T_i^D，T_i^A 随 L_1、D_i^T、D_i^L 变化趋势

由图 3-2（b）可知，当 $L_1 < D_i^L$ 时，T_i^A 较大且随 L_1 增加而减少，随 D_i^L 增加而增大。这是由于滑行道口位于航空器着陆滑跑结束位置的后方，航空器要经过 180° 调头并且逆向滑行至滑行道口才可脱离跑道，因此 T_i^A 较大，L_1 增加意味着逆向滑行距离缩短，因此 T_i^A 与 L_1 呈反相关，而 D_i^L 增加意味着航空器滑跑距离增加，逆向滑行距离增加，因此 T_i^A

与 D_i^L 呈正相关。当逆向滑行距离较短时，平均滑行速度也减小，因此也出现了 T_i^A 基本不变的区域。当 D_i^L 与 L_1 值接近时，T_i^A 达到最小值 99.61 s。此时航空器滑跑冲程结束后距离滑行道口很近，减速至 V_i^{turn} 即可脱离跑道，此时若不考虑尾流影响，跑道一小时内最多能降落 36 架次。当 $L_1 > D_i^L$ 时，T_i^A 随 L_1 增加而增大，随 D_i^L 增加而减小。这是由于滑行道口位于航空器滑跑冲程结束位置的前方。航空器要继续向前滑行才能脱离跑道，因此 L_1 越大滑行距离越长，D_i^L 越大滑行距离越短。

由以上分析可知，起飞、降落滑跑距离、滑行道位置等因素综合作用影响跑道占用时间和容量，滑行道距离跑道入口越近，起降滑跑距离越短，跑道占用时间越小，跑道起飞效率较高，但降落航空器需进行调头才能滑出跑道，降落效率很低，利用开反推等减少减速滑跑距离的措施能有效增加跑道使用效率。若滑行道口距离跑道末端较近，延后航空器接地位置，延长降落跑滑冲程能减少降落跑道占用时间，但起飞跑道占用很长，严重限制了跑道容量。因此若机场建设投资有限，仅能修建一条滑行道与跑道相连，应该综合运行机型性能、起降比例等因素合理安排滑行道位置。

以赣州机场为例对本文模型进行验证。赣州机场开通了直飞北京、广州、上海、南昌、深圳、杭州、昆明、厦门、成都等航线，是我国重要支线机场。如图 3-3 所示，该机场跑滑结构简单，只有唯一一条与跑道垂直的滑行道 A。机场跑道长 2 600 m，宽 45 m，跑道运行方向为 07（起飞着陆方向自西向东）和 25（起飞着陆方向自东向西），滑行道口距离 07 跑道头 860 m，距离 25 跑道头 1 700 m。该机场运行机型单一，均为进近类型为 C，尾流等级为 M 的机型，仅考虑正常运行时，不考虑飞机中断起飞，复飞等特殊情况，利用本文模型对不同起降比、D_i^L、D_i^T 的机场跑道容量进行评估。

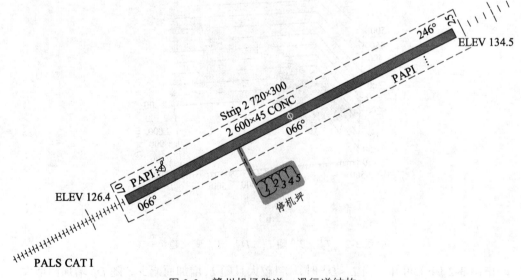

图 3-3　赣州机场跑道、滑行道结构

设 $\lambda = N / (M + N)$，λ 是起飞航空器占总航空器架次的比例。设 $D_i^{AD} = \{D_i^L, D_i^T\}$，当占用跑道的为起飞航空器 $D_i^{AD} = D_i^L$，当占用跑道的是降落航空器 $D_i^{AD} = D_i^T$。图 3-4（a）给

出 07 跑道、图 3-4（b）给出 25 跑道容量随 λ，D_i^{AD} 的变化趋势。

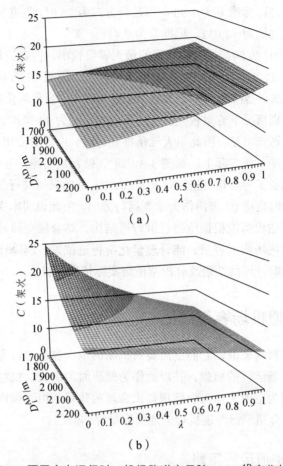

（a）

（b）

图 3-4 不同方向运行时，机场跑道容量随 λ，D_i^{AD} 变化趋势

如图 3-4 所示，当运行方向不同时，机场跑道容量随 λ，D_i^{AD} 改变呈现不同的变化趋势。当跑道方向为 07 时，如图 3-4（a）所示，跑道容量随 λ 增加而增加，随 D_i^{AD} 增加而减少。这是因为跑道为 07 方向运行时，滑行道口位于跑道口 860 处，相对于跑道末端距离跑道入口更近，对比图 3-4（b）可知，此时起飞航空器占用跑道时间比降落航空器短，因此起飞比例越大，容量越大。而 D_i^{AD} 的增大使起飞滑跑时间增加，降落滑跑时间增加，逆向滑行时间增加，跑道容量与 D_i^{AD} 呈反比。当 $\lambda=1.0$，$D_i^T=1700$ 时，跑道容量的最大值约为 19 架次。当跑道方向为 25 时，如图 3-4（b）所示，跑道容量随 λ、D_i^{AD} 增加而减少，这是因为跑道为 25 方向运行时，滑行道口位于跑道口 1 700 处，距离跑道末端较近，对比图 2 可知，此时降落航空器占用跑道时间比起飞航空器短，因此降落比例越大，容量越大。与图 3-4（a）相同，D_i^{AD} 与容量成反比。当 $\lambda=0$，$D_i^L=1$ 700 时，跑道容量最大值约为 25 架次。不论是 07 还是 25 方向运行，D_i^{AD} 增大均会引起跑道容量减少，因此若不改变现有跑滑结构采取逆风起降、增加发动机推力、降落后开反推等减少起飞、着陆滑跑的措施能有效减少跑道占用时间，提高机场跑道吞吐量。

进一步分析数据可知，当运行方向为 07 时，跑道容量最大值为 19.05，最小值为 10.851，平均值为 14.971，标准差为 1.909。当运行方向为 25 时，跑道容量最大值为 24.54，最小值为 11.087，平均值为 14.032，标准差为 2.411。

由此可知，虽然 07 方向运行时能达到的最大容量较小，但容量均值大于 25 方向运行的容量均值，且当 λ，D_i^{AD} 变化时，容量标准差较小。说明 07 方向运行时服务水平较为稳定，随起降比、航空器滑跑距离等动态因素影响较小，容量均值约为 15 架次。而 25 方向运行时，仅在个别情况下容量较大，平均容量较小约为 14 架次，且跑道容量值波动较大，受各动态因素影响明显。因此当天气条件允许时，应尽量使用 07 方向运行以提供较高且稳定的服务水平。而实际上，如图 3-3 所示，赣州机场跑道 07 方向设有 CAT I 精密进近着陆系统并配备了一类精密进近灯光系统，25 方向只能进行非精密进近飞行，说明该机场在实际运行时也将 07 方向作为主要运行方向。由此说明本文提出的考虑跑滑结构的机场跑道容量评估模型能根据跑道、滑行道结构，结合航空器起飞、着陆、滑行运动特征，能合理评估机场跑道容量，能合理量化滑行道位置、起降比、滑跑距离等重要因素对跑道容量的影响，评估结果及分析结论与实际情况相符。

三、平行跑道机场容量评估

对于大型多跑道机场来说，它们更需要对机场的地面容量进行客观、科学和准确的评估，找到多跑道机场运行的瓶颈，并以此作为航班时刻制定、机场运行和空中交通管制的基本依据，从而为空中交通流量管理提供合理的建议。由于国内多跑道机场为平行跑道，因此本节主要介绍平行跑道机场的地面容量评估问题。

（一）平行双跑道运行策略

由于多条平行跑道之间航班流的关系可以转化为每两条平行跑道之间航班流的关系，因此，下面主要建立平行双跑道容量模型。

平行双跑道的各种运行策略如下：

（1）TA（Two Arrival）模式：两条跑道均用于进场。

（2）TD（Two Departure）模式：两条跑道均用于离场。

（3）OAOD（One Arrival One Departure）模式：一条跑道仅用于进场，另一条跑道仅用于离场。

（4）OMOA（One Mixture Operation One Arrival）模式：一条跑道用于混合运行（进场和离场），另一条跑道用于进场。

（5）OMOD（One Mixture Operation One Departure）模式：一条跑道用于混合运行，另一条跑道用于离场。

（6）TM（Two Mixture Operation）模式：两条跑道均为混合运行。

根据跑道的类型、运行策略和气象条件，在平行双跑道上运行的航班流一般具有以下三种关系：两条平行跑道的进场流与离场流分别独立；两条平行跑道的进场流相关且进场流与离场流相互独立；两条平行跑道的进场流与离场流均相关。

下面分别对平行跑道上运行的进离场航班流之间的三种关系进行研究。

（二）进离场独立运行

平行双跑道的进场流与离场流分别独立包括以下几种情况：两条跑道的进场流相互独立、两条跑道的离场流相互独立、一条跑道的进场与另一条跑道的离场流相互独立、同一条跑道上的进场流和离场流相关。此时可实施独立平行进近和独立仪表离场，将该平行双跑道系统视为两条相互独立的单跑道系统。

设 $C_A(AA)$ 表示单跑道进场容量，$C_D(DD)$ 表示单跑道离场容量，$C_A(AD)$ 表示单跑道混合运行时的进场容量，$C_D(AD)$ 表示单跑道混合运行时的离场容量，$C(AD)$ 表示单跑道混合运行时的容量，则各种运行策略下的平行跑道容量便可确定。

（1）两条跑道都用于进场时的平行双跑道容量 $C(TA)$ 为：

$$C(TA) = 2C_A(AA) \tag{3-27}$$

（2）两条跑道都用于离场时的平行双跑道容量 $C(TD)$ 为：

$$C(TD) = 2C_D(DD) \tag{3-28}$$

（3）一条跑道用于进场，另一条用于离场时的平行双跑道容量 $C(OAOD)$ 为：

$$C(OAOD) = C_A(AA) + C_D(DD) \tag{3-29}$$

（4）一条跑道用于混合运行，另一条跑道用于进场时的平行双跑道容量 $C(OMOA)$ 为：

$$C(OMOA) = C_A(AD) + C_D(AD) + C_A(AA) \tag{3-30}$$

（5）一条跑道用于混合运行，另一条跑道用于离场时的平行双跑道容量 $C(OMOD)$ 为：

$$C(OMOD) = C_A(AD) + C_D(AD) + C_D(DD) \tag{3-31}$$

（6）两条跑道都用于混合运行时的平行双跑道容量 $C(TM)$ 为：

$$C(TM) = 2\left[C_A(AD) + C_D(AD)\right] \tag{3-32}$$

（三）相关进近独立放行

平行双跑道的进场流相关且进场流与离场流相互独立包括以下几种情况：两条跑道的进场流相关、两条跑道的离场流相互独立、一条跑道的进场流和另一条跑道的离场流相互独立、同一条跑道上的进场流和离场流相关。由于进场流与离场流，以及离场流之间相互独立，因此一起一降（OAOD）、两起（TD）以及两起一降（OMOD）三种跑道运行策略下的容量模型与上节的相应模型类似。

当两条跑道都用于进场时，由于进场流之间的相互影响，跑道运行模式采用相关平行进近方式，如图 3-5 所示，空心飞机表示进场航班，d 为跑道中心线之间的距离，δ_{min} 为平行跑道连续进近航空器之间的最小斜距，δ_{ik}，δ_{kj} 分别为航班 i 和 k，航班 k 和 j 沿跑道运行方向的纵向最小间隔。

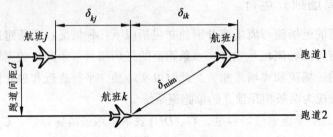

图 3-5　相关平行进近时空图

航班对 i, j 在跑道入口处的时间间隔 $T_{ij}^{(k)}(AA)$ 为：

$$T_{ij}^{(k)}(AA) = \max \begin{cases} AASR(ij) \\ AASR(ik) + AASR(kj) \\ AROR(i) \end{cases}$$（3-33）

式中：$AASR(ij)$ 表示相继进场航班 i，j 之间的时间间隔规定，满足相继进场航班之间的空中间隔不违反空管规定的最小间隔。$AROR(i)$ 表示进场航班 i 的跑道占用时间规定，在前机 i 清空跑道之前，后机不能进入跑道。

令 p_{ij} 为航班 j 紧跟在航班 i 之后的概率，p_k 为航班 k 的机型比例，平行跑道对进场航班的平均服务时间 $T(AA)$ 为：

$$T(AA) = E[T_{ij}^{(k)}(AA)] = \sum_{i=1}^{n}\sum_{j=1}^{n}\sum_{k=1}^{n} p_{ij} p_k T_{ij}^k(AA)$$（3-34）

（1）当两条跑道都用于进场时的平行双跑道容量 $C(TA)$ 为：

$$C(TA) = \frac{2}{T(AA)}$$（3-35）

（2）两条跑道都用于离场时的平行双跑道容量 $C(TD)$ 为：

$$C(TD) = 2C_D(DD)$$（3-36）

（3）一条跑道仅用于进场，另一条仅用于离场时的平行双跑道容量 $C(OAOD)$ 为：

$$C(OAOD) = C_A(AA) + C_D(DD)$$（3-37）

（4）当一条跑道用于混合运行，另一条仅用于进场时，由于进场流相互影响，平行双跑道采用相关平行进近程序，如图 3-6 所示，图 3-6 中空心飞机表示进场航班，实心飞机表示离场航班。

在情况（1）的基础之上，可以得到当一条跑道用于混合运行，另一条仅用于进场时的平行双跑道容量 $C(OMOA)$ 为：

$$C(OMOA) = \frac{C(TA)}{2}\left(2 + \sum_{i=1}^{n}\sum_{j=1}^{n} p_{ij} n_{ij\max}\right) \qquad （3-38）$$

式中：$n_{ij\max}$ 表示在一对进场航班之间可以插入的离场航班的最大架次；$\sum_{i=1}^{n}\sum_{j=1}^{n} p_{ij} n_{ij\max}$ 是在一对进场航班之间可以插入的离场航班的平均架次。

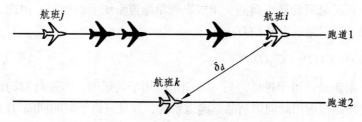

图 3-6　混合运行、进场的时空图

（5）一条跑道用于混合运行，另一条跑道离场时的平行双跑道容量 $C(OMOD)$ 为：

$$C(OMOD) = C_D(DD) + C_A(AD)\left(1 + \sum_{i=1}^{n}\sum_{j=1}^{n} p_{ij} n_{ij\max}\right) \qquad （3-39）$$

（6）即此时采用混合运行模式的跑道容量 $C(AD)$ 为：

$$C(AD) = C_A(AD)\left(1 + \sum_{i=1}^{n}\sum_{j=1}^{n} p_{ij} n_{ij\max}\right) \qquad （3-40）$$

（7）当两条跑道都用于混合运行时，两条跑道的进场流相关，离场流相互独立，一条跑道的进场流与另一条跑道的离场流相互独立。此时可以在连续进近的两架航班之间插入离场航班，而不用考虑相邻跑道进场航班和离场航班对插入离场航班的影响。在相关平行进近模型的基础上，可以得到两条跑道都用于混合运行时的平行双跑道容量 $C(TM)$ 为：

$$C(TM) = C(TA)\left(1 + \sum_{i=1}^{n}\sum_{j=1}^{n} p_{ij} n_{ij\max}\right) \qquad （3-41）$$

（四）相关进近相关放行

平行双跑道的进场流与离场流都相关包括以下几种情况：两条跑道的进场流相关、两条跑道的离场流相关、一条跑道的进场流和另一条跑道的离场流相关、同一条跑道上的进场流和离场流相关。

（1）当两条跑道都用于进场时，平行双跑道容量模型的建立与（三）小节考虑相关平行进近的容量模型相同。因此，当两条跑道都用于进场时的平行双跑道容量 $C(TA)$ 为：

$$C(TA) = \frac{2}{T(AA)} \qquad （3-42）$$

（2）当两条平行跑道都用于离场时，整个双跑道系统可以看成一条单跑道。两条跑道上的飞机交错离场，此时可以忽略前机的尾流效应。在相邻跑道重型飞机之后离场的飞机不需要 2min 尾流间隔，但仍要满足前后机的空中最小雷达间隔。由于交错离场的飞机空中保持的间距是斜距，在离场航向上的投影小于同航迹连续放飞飞机的间距，因此可以减小放飞的时间间隔。由上可知，交错离场的平行双跑道系统与单跑道系统的离场容量模型一致，只是参数（时间间隔）的取值不同而已。很显然平行双跑道系统交错放飞时前后两架离场航班的最小间隔大于投影到单跑道系统上的间隔。因此，两条跑道都用于离场时的平行双跑道容量 $C(TD)$ 为：

$$C(TD) = C_D(DD) \qquad （3-43）$$

（3）当一条跑道仅用于进场，另一条跑道仅用于离场时，该平行双跑道系统可以看成一条没有进场跑道占用时间限制的单跑道系统，并且进离场时间间隔 $DASR$ 为斜距，投影到单跑道上的距离便相应地减小，如图 3-7 所示。

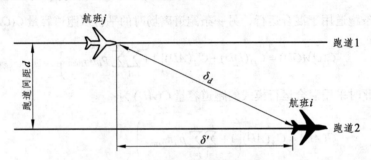

图 3-7   平行双跑道中的进离场间隔示意图

$DASR$ 表示前机 i 离场、后机 j 进场时的时间间隔规定，该间隔规定为离场航班 i 刚起飞时，进场航班 j 到跑道头必须满足的最小间隔。同理，如果进场航班到跑道头的距离在最小间隔以内，则离场航班不能进入跑道起飞。

两机之间的最小斜距 δ_d 的投影 δ' 为：

$$\delta' = \sqrt{\delta_d^2 - d^2} \qquad （3-44）$$

由于 $\delta' < \delta_d$，可说明一条跑道用于进场，另一条跑道用于离场时的平行双跑道系统前机离场后机进场的纵向截获距离小于单跑道系统的截获距离，该系统可以减小跑道的截获距离。因此一条跑道用于进场，另一条跑道用于离场时的平行双跑道容量 $C(OAOD)$ 为：

$$C(OAOD) = C(AD) \qquad （3-45）$$

（4）当一条跑道用于混合运行，另一条跑道仅用于进场时，平行双跑道容量模型的建立与情况（3）类似。因此，当一条跑道用于混合运行，另一条跑道仅用于进场时的平行双跑道容量 $C(OMOA)$ 为：

$$C(OMOA) = C(AD) \qquad （3-46）$$

（5）当一条跑道用于混合运行，另一条跑道仅用于离场时，平行双跑道容量模型的建立与情况（2）类似，并且由于飞机之间交错离场，可以忽略尾流的影响。因此，当一条跑道用于混合运行，另一条跑道仅用于离场时的平行双跑道容量 $C(OMOD)$ 为：

$$C(OMOD) = C(AD) \qquad (3\text{-}47)$$

（6）当两条跑道都用于混合运行时，进场飞机交错进场，并在进场飞机之间尽可能地插入离场飞机。一架飞机落地的同时，另一架飞机可以在另一条跑道上离场，并且可以不考虑前机的尾流影响和跑道占用时间的影响，如图 3-8 所示。

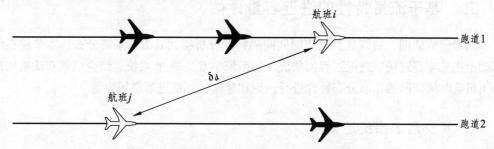

图 3-8　进离场相关且均采用混合操作时空图

在情况（6）的基础之上，除了相邻两架航班之间的最小斜距不同之外，其余部分的模型建立与单跑道混合容量模型相同。因此，当两条跑道都用于混合运行时的平行双跑道容量 $C(TM)$ 为：

$$C(TM) = C(AD) \qquad (3\text{-}48)$$

值得注意的是，虽然某些情况的跑道容量模型相同，但是由于具体的安全间隔参数不同，所以实际计算所得到的容量值也是不同的。

第三节　进近、终端区容量评估

一、进近、终端区容量影响因素

影响进近、终端区容量的主要因素是空中交通流构成和特性，主要是考虑在扇区内飞行的航空器的飞行情况和状态以及它们之间的互相作用等，主要包括以下几个方面的内容。

（1）进近、终端区进离场程序上航空器的比例。

（2）航班计划。

（3）航空器数量及特性，航空器类型，航空器航迹，航空器进、出区域的时间。

（4）上升、下降和平飞的航空器数量及位置。

（5）进场、离场、低高度飞越航空器数量及位置。

（6）存在潜在冲突的航空器数量及位置。

（7）由于天气等特殊情况绕飞的航空器数量及位置。

（8）出现紧急情况需要其他航空器避让的航空器数量及位置。

（9）航空器之间的各种角度关系。

（10）可能影响本区域的相邻管制区航空器的情况。

（11）管制服务方式（雷达管制、雷达监控下的程序管制、程序管制）和提供的服务等级。

（12）航空器横向、纵向和侧向安全间隔要求。

二、基于流量特性的进近容量评估

根据研究表明，终端区到达流时间间隔特性分析得到其服从正态分布，本节将在此基础上把航空器进场、进近过程抽象成交通系统中常见的 T 系统，结合成都双流机场进场飞机流时间间隔的正态分布特性进行讨论和建模，评估进近空域容量。

（一）交通 T 系统定义

当一个交通系统包含多个方向的交通流，同时这些交通流相互之间存在着冲突，系统中的各个交通流有一定的优先级，那么这类交通系统将其定义为 T 系统，根据该系统的交通流方向的数量不同统称为 T_x 系统，其中 x 表示的便是交通流向的数量。

根据以上对 T 系统的定义，不难发现单跑道系统便是符合这样一种运行特征的 T_2 系统。对 T_2 系统的详细定义为若某交通系统中存在一双向交通流，分别为 $\alpha(\kappa)$ 向和 $\beta(\chi, \chi_0, n)$ 向，并存在单段冲突 Q，α 向的交通流具备通过 Q 段的高优先级，则该系统为 T_2 系统。

该定义中 κ 为 α 向交通流的强度属性，我们可以将其理解为 α 向交通流包含的交通实体个数，其到达时间间隔服从某一分布。χ 是为了保证 $\alpha\beta$ 向交通流的首个交通实体通过 Q 段，需要 α 向交通流提供的最小空闲间隔；χ_0 为 β 向交通流中除开首个交通实体，为了保证后续的每个交通实体连续通过 Q 段，需要 α 向交通流为单个交通实体提供的最小空闲间隔。n 为 β 向交通流可以在 Q 段前等待排队的交通实体数。

T_2 系统的容量 C 就等于系统中单位时间内可以通过的 α 向交通流的交通实体数 κ 加上系统中单位时间内可以通过的 β 向交通流的交通实体数为 γ：

$$C = \kappa + \gamma \tag{3-49}$$

（二）到达流量数据分析

通过对成都双流机场（简称双流机场）的调研，从机场 ADS-B 监视数据中获取了某四天的双流机场到达流时间间隔样本数据。提取样本数据的时候将每天 24 h 分隔为 48 个时间片，每个时间片为 30 min。对双流机场某四天的到达流时间间隔样本数据进行检验的时候，首先通过数据分析软件 SPSS 绘出该观察值样本的频率直方图，如图 3-9 所示。

通过观察该样本频率直方图可以比较直观地发现，整个分布类似正态分布钟型曲线，故接下来使用 Q-Q 图对样本数据进行呈现，呈现结果如图 3-10 所示，发现散点基本围绕对角线分布，符合判断该样本来自正态分布总体的特征。

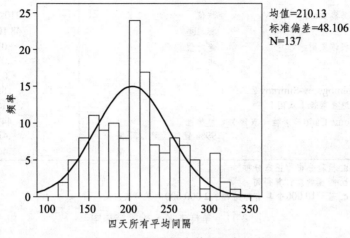

图 3-9 四天间隔样本数据频率直方图

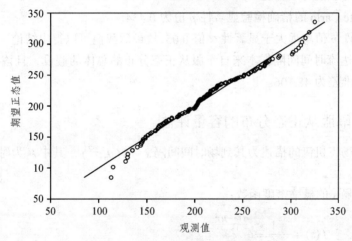

图 3-10 四天间隔样本数据 Q-Q 图

通过以上两步图示法检验，已经可以基本判断本文所统计的双流机场到达流时间间隔样本数据来自服从正态分布的总体。接下来运用单样本 Kolmogorov-Smirnov 检验法对该样本的正态性进行定量检验。

首先检验假设：

H_0：样本所来自的总体分布服从正态分布；

H_1：样本所来自的总体分布不服从正态分布；

使用 SPSS 软件对观察值样本进行 K-S 检验，检验结果如图 3-11 所示。

由于双流机场四天的到达流时间间隔样本观察值个数为 137 个，属于小样本，故在进行 K-S 检验的时候，不仅通过使用对大样本数据检验更精确的渐进法进行检验得出 p 值，还需要通过对该样本进行扩充的精确检验得出精确检验下的 p 值，本文采用 99% 置信水平的 10 000 样本数的 Mente Carlo 法进行检验。由图 3-11 可知该观察值样本的 K-S 检验。

		四天所有平均间隔
N		137
正态参数a,b	均值	210.13
	标准差	48.106
最极端差别	绝对值	.073
	正	.073
	负	−.036
Kolmogorov-Smirnov Z		.851
渐进显著性（双侧）		.464
Monte Carlo 显著性（双侧）	显著性	.447°
	99% 置信区间　　下限	.434
	上限	.460

a. 检验分布为正态分布。
b. 根据数据计算得到。
c. 基于10 000个具有起始种子2 000 000的采样表。

图 3-11　单样本 K-S 检验结果图

渐进显著性 p 值为 0.464。

基于 Mente Carlo 的精确检验显著性 p 值为 0.434。

两个显著性 p 值均远大于显著性 α 值 0.05，故最后我们可以得出结论——接受该双流机场四天的到达流时间间隔样本来自于服从正态分布的总体的假设，且该正态总体均值为 210.13，标准差为 48.106。

（三）间隔服从正态分布的容量评估

这里对到场飞机流的描述为其到场时间间隔 $s \sim N(\mu, \sigma^2)$，其中 μ 为时间间隔期望，σ 为其标准差。

则时间间隔 s 的概率密度函数：

$$f(s) = \frac{1}{\sigma\sqrt{2\pi}} e^{-\frac{(s-\mu)^2}{2\sigma^2}} \tag{3-50}$$

其中间隔时间 s 不能为负值，所以 $0 \leqslant s < +\infty$，其概率分布函数为：

$$p(s^* \geqslant s) = \frac{1}{\sigma\sqrt{2\pi}} \int_0^{+\infty} e^{-\frac{(s-\mu)^2}{2\sigma^2}} \, \mathrm{d}s \tag{3-51}$$

这里将跑道定义为具备 $\alpha(\kappa)$ 向到场交通流，和 $\beta(\chi, \chi_0, n)$ 向离场交通流，并且到场交通流优先通行的 T_2 交通系统。进场飞机流的时间间隔为 s^* 即为该跑道的空闲时间间隔，在一个空闲时间间隔内第一架起飞的航空器占用跑道的时间的期望为 χ，后续连续起飞的航空器占用跑道时间的期望为 χ_0。在跑道入口处等待起飞离场的航空器架次为 n，因为 χ，χ_0 都使用统计的平均时间，所以本节将不考虑不同机型的影响。所以基于正态分布到达流的单跑道混合容量数学模型如式 3-52 所示：

$$C = \kappa + \gamma = \kappa + [(\kappa-1)\sum_{m=1}^{n-1} m p_m + (\kappa-1)n p(s^* \geqslant s_n)] \tag{3-52}$$

式中，p_m 为在跑道空闲时间间隔中放飞 m 架等待离场航空器的概率：

$$p_m = p(s_m \leqslant s^* < s_{m+1}) \tag{3-53}$$

将其转化为标准正态分布函数对上式进行计算，由正态分布函数的定义可得：

$$p_m = p(s_m \leqslant s^* < s_{m+1}) = \Phi\left(\frac{s_{m+1} - \mu}{\sigma}\right) - \Phi\left(\frac{s_m - \mu}{\sigma}\right) \tag{3-54}$$

（3-54）式中 s_m 为放飞 m 架等待离场航空器所需的跑道空闲时间间隔，当跑道空闲时间间隔 s^* 大于或等于 s_m 便可安全放飞连续 m 架航空器。$p(s^* \geqslant s_n)$ 是在到场飞机对中安全放飞连续 n 架航空器的概率，根据正态分布定义有

$$p(s^* \geqslant s_n) = 1 - \Phi\left(\frac{s_m - \mu}{\sigma}\right) \tag{3-55}$$

本节对 s_m 的定义为：

$$s_m = \chi_0 + (m-1)\chi \tag{3-56}$$

在此容量评估模型下，参数 χ、χ_0、n、μ、σ 均可通过对待评估跑道所在机场的调研或者数据统计得到，并且随着到场交通流强度 κ 值的变化，跑道系统容量值将呈现一种动态变化的趋势，将更有利于机场的流量管理。

第四节　航路容量评估

一、航路容量影响因素

当航空器进入航路级开始巡航飞行，航程长，飞行速度较大，因此航路容量大小对整体空域系统吞吐量有重要影响，航路容量影响因素主要包括航空器巡航阶段航行诸元和航路结构、管制间隔等，具体包括以下几项。

（1）管制区内的空域结构，边界、范围，移交点的位置、数量和要求等。

（2）地形特征及障碍物分布情况及最小超障高。

（3）区域内特殊使用空域的划设，分布情况等。

（4）与相邻空域单元的空域结构耦合以及相关协议要求。

（5）区域内划设的扇区的数量、大小及结构。

（6）与相邻区域管制室、进近管制室的空域耦合、协议。

（7）区域内航路、航线特性，数量、位置、走向及开放、关闭时间。

（8）区域内的可用高度层和可开辟的临时航线的情况。

（9）航路交叉点的数量、密集程度。

（10）区域内机场位置及航班量对区域空域的影响。

（11）区域内导航台、报告点的位置、特性等。

（12）空域内的其他相关飞行活动。

二、航路容量评估模型

（一）模型构造

根据航路容量定义，设 C 为航路最大容量，N 为服务的航空器总架次，T 为服务的总时间，公式如下：

$$C = \frac{N}{T} \quad\quad\quad （3-57）$$

该模型在实际应用中还需要考虑以下两个因素的影响。

（1）航路高度层配置对航路容量的影响。

（2）备用高度层的使用对整条航路容量的影响。

可做如下补充。

对于一定数量的航空器 N，按机型分为 A、B、C、D、E 五个类型，每个类型的航空器都有一个主用高度层和若干个备用高度层。设各种机型的比例依次为 P_a、P_b、P_c、P_d、P_e，则存在约束

$$P_a + P_b + P_c + P_d + P_e = 1 , （0 \leqslant P_a、P_b、P_c、P_d、P_e \leqslant 1） \quad\quad （3-58）$$

各种航空器的数量依次为 $N \times P_a$、$N \times P_b$、$N \times P_c$、$N \times P_d$ 和 $N \times P_e$。则存在约束

$$\begin{aligned} & N \times P_a + N \times P_b + N \times P_c + N \times P_d + N \times P_e \\ = & N \times (P_a + P_b + P_c + P_d + P_e) \\ = & N \end{aligned} \quad\quad （3-59）$$

由于航路具有高度层划分，且大部分航空器都在其主用高度层上飞行，其余的在备用高度层上飞行。在计算航路容量的时候，我们认为主用高度层是决定航路容量的主要因素。对于确定的主用高度层占用率，当某一主用高度层处于满负荷运行状态时，得到的系统容量就是航路最大容量。设 r_i>60%，如果 r_i 过小的话，主用高度层将发生变化，与实际情况不符。为了表示各种飞机类型对于主用高度层和备用高度层占用的不同情况，设 r_i（$0 \leqslant r_i \leqslant 1$，$i \in$ {A、B、C、D、E}）为 i 类航空器在其主用高度层上飞行的占用率。则各个主要高度层上飞行的航空器数量依次为 $N \times P_a r_a$、$N \times P_b r_b$、$N \times P_c r_c$、$N \times P_d r_d$ 和 $N \times P_e r_e$。设 t_i（$0 \leqslant T_i \leqslant 1$，$i \in$ {A、B、C、D、E}）为所有的 i 类航空器在其主要高度层飞完需要的时间。

同时，设 i 类航空器主用高度层上飞行的航空器平均速度为 v_i，航空器之间的标准管制间隔为 S，管制员考虑导航设备的定位精度、通信延迟以及管制员能力等因素所增加的管制间隔裕度为 ΔS，单位时间内的航路最大容量为 C，可得

$$t_i = \frac{S + \Delta S}{V_i} \times (N \times P_i \times r_i - 1) \quad\quad （3-60）$$

取其中的最大值作为系统时间，即 $t = Max(t_i)$，所以有

$$C = \frac{N}{Max(t_i)} = \frac{NP_j r_j V_j}{(S + \Delta S) \times (NP_j r_j - 1)} \approx \frac{V_j}{(S + \Delta S)} \quad\quad （3-61）$$

其中，$j \in$ {A、B、C、D、E}，代表花费时间最多的高度层代号。

（二）算例分析

利用上节方法对我国航路进行容量评估，由于整体航路较长，分由多个不同的管制单位提供管制服务，因此对整体航路进行分段，得到各分段航路的容量值。

表 3-1 给出我国南北向京沪主航路 A461 的结构数据，双向运行，向南运行配备双数高度层，向北运行配备单数高度层，航路整体长度为 1 900 km，航路点 17 个，共分 16 个子航路段。

表 3-1　航路 A461 分段地理信息

航路点 1	航路点 2	航路点 1 位置	航路点 2 位置	长度（km）	航向
VYK	IKENU	391142N1163530E	384530N1161848E	53	211/31
IKENU	HG	384530N1161848E	374316N1154218E	127	211/31
HG	WXI	374316N1154218E	362148N1145500E	166	210/30
WXI	AKOMA	362148N1145500E	344130N1144512E	186.566	184/4
AKOMA	ZHO	344130N1144512E	333954N1143918E	115.439	184/4
ZHO	OBLIK	333954N1143918E	321948N1143130E	148.462	184/4
OBLIK	HOK	321948N1143130E	311930N1142548E	112.376	184/4
HOK	LKO	311930N1142548E	295424N1134130E	172.067	204/24
LKO	DAPRO	295424N1134130E	291530N1133824E	73.806	183/3
DAPRO	AKUBA	291530N1133824E	284518N1133600E	55.713	183/3
AKUBA	LIG	284518N1133600E	273742N1133142E	124	183/3
LIG	BUBDA	273742N1133142E	255206N1132748E	198	181/1
BUBDA	YIN	255206N1132748E	241124N1132454E	185.077	181/1
YIN	SHL	241124N1132454E	230530N1135100E	132.16	160/340
SHL	IDUMA	230530N1135100E	225348N1135706E	24.245	154/334
IDUMA	BEKOL	225348N1135706E	223236N1140800E	43.291	154/334

根据上节算法，输入表 3-2 中各种运行参数数据，包括 7 800 m 以上及以下的高度层上机型比例、不同机型的平均巡航速度。

表 3-2　航路 A461 分段运行参数

航路段		机型比例、流量比例因素							
		7 800 m 以下				7 800 m 以上			
		H 机型		M 机型		H 机型		M 机型	
航路点 1	航路点 2	比例	平均速度（km/h）	比例	平均速度（km/h）	比例	平均速度（km/h）	比例	平均速度（km/h）
VYK	IKENU	10%	800	90%	790	25%	880	75%	770
IKENU	HG	10%	800	90%	790	25%	880	75%	770
HG	WXI	10%	800	90%	790	25%	880	75%	770
WXI	AKOMA	10%	800	90%	790	25%	880	75%	770
AKOMA	ZHO	10%	800	90%	790	25%	880	75%	770

续表

航路段		机型比例、流量比例因素							
		7 800 m 以下				7 800 m 以上			
航路点 1	航路点 2	H 机型		M 机型		H 机型		M 机型	
		比例	平均速度（km/h）	比例	平均速度（km/h）	比例	平均速度（km/h）	比例	平均速度（km/h）
ZHO	OBLIK	10%	800	90%	790	25%	880	75%	770
OBLIK	HOK	10%	800	90%	790	25%	880	75%	770
HOK	LKO	10%	800	90%	790	25%	880	75%	770
LKO	DAPRO	10%	800	90%	790	25%	880	75%	770
DAPRO	AKUBA	10%	800	90%	790	25%	880	75%	770
AKUBA	LIG	10%	800	90%	790	25%	880	75%	770
LIG	BUBDA	10%	800	90%	790	25%	880	75%	770
BUBDA	YIN	10%	800	90%	790	25%	880	75%	770
YIN	SHL	10%	800	90%	790	25%	880	75%	770
SHL	IDUMA	10%	800	90%	790	25%	880	75%	770
IDUMA	BEKOL	10%	800	90%	790	25%	880	75%	770

利用上节算法，对各航路段的数据进行计算，得到航路容量评估结果，如表 3-3 所示。

表 3-3　航路 A461 各航路段容量评估结果

航路段		评估结果		
航路点 1	航路点 2	过点容量（架次/小时）	航路段容量（架次/h）	最大容量（架次/h）
VYK	IKENU	40.457 65	2.65	43.107 65
IKENU	HG	40.456 22	6.35	46.806 22
HG	WXI	40.460 59	8.3	48.760 59
WXI	AKOMA	40.456 67	9.3283	49.78497
AKOMA	ZHO	40.457 31	5.771 95	46.229 26
ZHO	OBLIK	40.452 08	7.423 1	47.875 18
OBLIK	HOK	40.459 44	5.618 8	46.078 24
HOK	LKO	40.459 23	8.603 35	49.062 58
LKO	DAPRO	40.458 62	3.690 3	44.148 92
DAPRO	AKUBA	40.465 71	2.785 65	43.251 36
AKUBA	LIG	40.456	6.2	46.656
LIG	BUBDA	40.466 22	9.9	50.366 22
BUBDA	YIN	40.461 98	9.253 85	49.715 83
YIN	SHL	40.460 65	6.608	47.068 65
SHL	IDUMA	40.459 75	1.212 25	41.672
IDUMA	BEKOL	40.457 81	2.164 55	42.622 36

根据以上结果可知，航路段长度越长，7 800 m 高度分配的 M 型航空器比例越多，过点容量和航路段容量越大。

图 3-12 为 LIG-BUBDA、VYK-IKENU 两航段的容量值随 7 800 m 以下流量比例和 M 型机比例变化的趋势图。

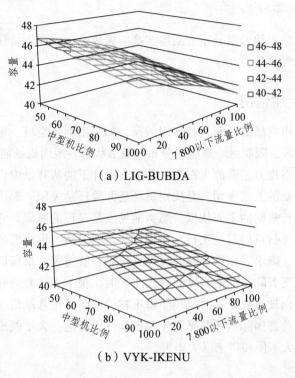

（a）LIG-BUBDA

（b）VYK-IKENU

图 3-12   LIG-BUBDA、VYK-IKENU 两航段容量评估结果

由图 3-12 可知，当中型机比例增加，7 800 m 以下流量比例减少，航路段容量增加，当中型机比例为 50%，7 800 m 以下流量比例为 0，航路段容量最大，LIG-BUBDA 航路段容量最大值为 46.7 架次/h、VYK-IKENU 航路段容量最大值为 45.1 架次/h。由于两航路段长度不同，LIG-BUBDA 容量随机型比例变化较小，随流量比例变化较大，而 VYK-IKENU 航段相反，LIG-BUBDA 整体容量大于 VYK-IKENU 航段，平均值分别为 44.1 架次/h 和 43.2 架次/h。

第五节   空域容量动态评估方法

空域的最大容量仅仅说明了在理想情况下的一段时间内空域能服务的航空器架次，而在实际运行中，受诸多可变因素的影响，实际服务架次往往是在最大容量框架内的一个波动曲线，所以空域最大容量的指导意义大于现实意义，因此关于空域实际容量的研究显得尤为重要。

一、影响容量动态因素

影响空域实际容量的因素很多，这里只考虑实时影响空域容量的动态因素。

（一）空域气象状况

这主要包括航路上的云层分布、温度、高空风风速、风向、特殊天气以及雷暴、颠簸或积冰等恶劣天气状况。

（二）空域使用情况

这主要包括军用空域的分布及其使用情况，如军用训练空域、军用机场穿云航线及其使用情况；危险区、限制区、禁区的分布和激活状态；地面机场能见度等因素。

其中能见度是指视力正常的人在当时的天气条件下能从背景中识别出目标物的最大距离。它与飞行活动的关系密切，是决定机场是开放还是关闭、起飞着陆是用目视飞行规则还是用仪表飞行规则的主要依据。恶劣能见度是飞行的障碍，它影响飞机的起飞、着陆安全，也影响飞行员的目视飞行，是安全飞行的大敌。形成恶劣能见度最常见的原因是雾，其次是云、降水、烟幕、霾、风沙、浮尘、吹雪等。机场区域出现这些情况，会严重妨碍飞机起飞着陆，当能见度只有几十米时，根本无法着陆和起飞，甚至无法滑行，处理不当极易出现事故，这时机场不得不被迫关闭，正常航班也随之变得不正常或被取消。例如北京首都国际机场几乎每年都出现几天雾港，大批航班延误或取消，给乘客和民航造成了很大不便和带来巨大损失。

二、空域动态容量的权重系数模型

空域天气状况主要来自航空气象情报服务，通过实时提取重要天气报告 SINGMET、日常航空天气报告 METAR、特殊天气报告 SPECI、航站天气预报电报 FT、航路天气预报电报 ROFOR 和航空区域天气预报 ARFOR 中各种天气的具体数据项，根据影响航路容量的严重程度分成不同等级，然后为各个影响等级分别分配对应的影响系数 W_i^T。同样，根据军用飞行计划中的场内、场外飞行训练计划 TPI、TPO 以及炮射计划报 STG，可以提取空域活动状况的详细信息，再根据该空域内军事活动对航路容量影响的经验值为其指定影响系数 ϕ_j^T。这样，在计算实际容量时，采用的算法是在最大容量的基础上，通过统计分析各动态影响因素的历史经验数据确定不同的影响系数，取其最小值（即对容量的影响程度最严重，使得航路容量最小）与最大容量相乘得到实际容量值 C_{real}，公式如下：

$$C_{real} = C \times Min(W_i^T K, \varphi_j^T K)$$

$$(0 \leqslant W_i^T , \ \phi_j^T \leqslant 1 ; \ k = 0 \ \text{或} \ 1 ; \ i,j = 1,2,3,\cdots,n) \qquad （3\text{-}62）$$

其中，K 为 0-1 函数，为 0 时表示第 i 种天气状况或第 j 种军事活动未发生；K 为 1 表示

第 i 种天气状况或第 j 种军事活动发生；W_i^T 表示第 i 种天气状况发生时对容量的影响系数；ϕ_j^T 表示第 j 种军事活动发生时对容量的影响系数，T 表示该影响系数的有效时间。当 $W_i^T = \phi_j^T = 1$ 时，表示空域单元最大容量没有受到任何影响，此时 $C_{real} = C$。当 $W_i^T = 0$ 或 $\phi_j^T = 0$ 时，表明该时段的气象条件已不适合任何飞行或军事活动，已导致该空域单元完全封闭，即 $C_{real} = C = 0$。

在实际的应用过程中，由于空域气象状况对容量造成的影响很难精确定级，现在主要采用气象情报来大致定级，因此存在着一定的误差，需要凭借经验来进行纠正。

由于某段航路一定是处于某个空域之中的，其容量影响因素和空域是相同的，因此，空域实际容量动态模型也适用于计算航路实际容量。同样的，影响机场实际容量的因素和影响空域容量的因素基本一样，因此空域实际容量动态模型同样也适用于机场。

三、基于 D-S 证据理论的动态容量模型

通过理论模型和仿真评估可以得到机场在理想运行条件下的最大容量，但如果仅仅依据最大容量来对流量管理方法做出决策而忽略各种不确定因素对容量值的动态影响，将会与实际情况产生不小的偏差。事实上，那些所谓的不确定因素还是有章可循的，如通过气象预报可以估计未来机场的某种天气条件出现的可能性，通过历史数据统计分析或经验可以估计未来某种军事活动发生时对最大容量的影响程度。影响最大容量的可变因素主要有气象因素、军事活动、人为因素、设备运行状况等等，通过统计分析各动态影响因素的历史经验数据来确定不同的影响系数，这种评估预测给定时间段内机场动态容量的方法往往基于"最坏情况"的保守原则，很容易放大由数据误差引起的结果误差，而且忽略了多种影响因素联合作用时的影响效果，也没有考虑各种动态因素的不确定性。所以，该模型与机场的实际运行情况还有一定偏差，需要进一步改进。将要解决的问题就是：利用证据理论中的专家咨询法融合影响机场最大容量的各种不确定因素的可能性和综合影响程度，求得机场动态容量和该容量值或区间的可信度，为流量管理方法提供决策支持。

（一）D-S 证据理论原理

D-S 证据理论（Dempster-Shafer theory of evidence）对概率做出了构造性解释，它认为概率是某人在证据的基础上构造出的对某一命题为真的信任程度，称为信度。这种解释不但强调了证据的客观性，也强调了证据估计的主观性，满足比概率更弱的公理体系，能够处理由未知引起的不确定性，提供了一个构造不确定性推理模型的一般框架。对于具有主观不确定性判断的多属性决策问题，证据理论是一个融合主观不确定性信息的有效手段。由此，可以利用证据理论来融合影响机场最大容量的各种不确定因素的可能性和综合影响程度，求得机场动态容量和该容量值或区间的可信度，为流量管理方法提供决策支持。

证据理论将人们所能认识到的某一判决问题的所有可能的结果的集合定义为识别框架 Θ，人们所关心的任一命题都对应于 Θ 的一个子集，如果有集函数 m：$2^{\Theta} \rightarrow [0,1]$（ 2^{Θ} 为 Θ 的幂集）满足：（1） $m(\phi)=0$ 、（2） $\sum\limits_{A \subset \Theta} m(A)=1$ ，则称 m 为框架 Θ 上的基本可信度分配。例如采用专家咨询的方法向 n 个专家提出咨询，则每个专家都可以根据他自己的经验、知识和对系统的了解，在框架 Θ 上产生一个对应于 A 的基本可信度分配，所以在咨询结束以后，我们就可以得到 n 个基本可信度分配 $m_1, m_2, \cdots, m_k$ ，基本可信数 m 反映了对 A 本身的信度大小。条件（1）反映了对于空集（空命题）不产生任何信度；条件（2）反映了虽然我们可以给一个命题赋任意大小的信度值，但要求我们给所有命题赋的信度值的和等于 1，即我们的总信度为 1。然后定义函数 Bel 为 Θ 上的信度函数：

$$Bel(A) = \sum_{B \subset A} m(B) \quad (\forall A \subset \Theta) \tag{3-63}$$

由证据理论可知在给定几个同一识别框架上基于不同证据的信度函数时，如果这几批证据不是完全冲突的，那么可以利用 Dempster 合成法则计算一个新的信度函数来反映这几批证据的联合作用，该信度函数称为原来那几个信度函数的直和。利用专家咨询法得到的主观概率估计，体现了一种集体的力量，这样得到的主观概率合成决策是集体决策的结果。两个信度函数的合成法则如定理 1 所示，多个信度函数的合成法则如定理 2 所示。

定理 1：设 Bel_1 和 Bel_2 是同一识别框架 Θ 上的两个信度函数，m_1 和 m_2 分别是其对应的基本可信度分配，命题分别为 $A_1, A_2, \cdots, A_k$ 和 $B_1, B_2, \cdots, B_l$ 。设

$$\sum_{A_i \cap B_j = \varphi} m(A_i) \cdot m(B_j) < 1 \tag{3-64}$$

那么由下式定义的函数 m：$2^{\Theta} \rightarrow [0,1]$ 是基本可信度分配：

$$m(A) = \begin{cases} 0 & A = \phi \\ \dfrac{\sum\limits_{A_i \cap B_j = A} m(A_i) \cdot m(B_j)}{1 - \sum\limits_{A_i \cap B_j = \varphi} m(A_i) \cdot m(B_j)} & A \neq \phi \end{cases} \tag{3-65}$$

定理 2：设 $Bel_1, Bel_2, \cdots, Bel_k$ 是同一识别框架 Θ 上的信度函数，$m_1, m_2, \cdots, m_k$ 是对应的基本可信度分配，如果 $Bel_1 \oplus Bel_2 \oplus \cdots \oplus Bel_k$ 存在且基本可信度分配为 m ，则：

$$\forall A \subset \Theta, \ A \neq \phi \tag{3-66}$$

$$m(A) = K \sum_{\substack{A_1, A_2, \cdots A_k \subset \Theta \\ A_1 \cap A_2 \cap \cdots \cap A_k = A}} m(A_1) \cdot m(A_2) \cdot \cdots \cdot m(A_K)$$

$$K = \left[\sum_{\substack{A_1, A_2, \cdots A_k \subset \Theta \\ A_1 \cap A_2 \cap \cdots \cap A_k \neq \varphi}} m(A_1) \cdot m(A_2) \cdot \cdots \cdot m(A_K) \right]^{-1}$$

（二）机场动态容量预测模型

若已知机场最大容量为 C，则机场动态容量的可能值为 $\{0、1、2、\cdots、C\}$，根据证据理论可得识别框架 $\Theta = \{c \mid 0、1、2、\cdots、C\}$，其中每一个数字表示"该机场的动态容量为 c"。当容量评估专家对机场动态容量进行预测时，如果将各种不确定因素对动态容量的影响程度和发生的可能性当成证据，则命题即为专家根据证据预测的具体的动态容量值或区间（Θ 的子集），再将专家对命题的支持度进行归一化处理后作为各命题的基本可信度分配，并假设各种证据之间是相互独立的，就可以建立基于证据理论的机场动态容量预测模型，利用 Dempster 合成法则求得在不同动态因素影响下的机场动态容量值及其可信度。

设有 k 个容量评估专家根据 n 批证据对机场动态容量进行评估，在识别框架 Θ 中可得到 p 个两两不同的命题，则融合各批证据和专家意见对机场动态容量进行预测的模型具体步骤如下：

Step1：第 i（$i = 1,2,\cdots,k$）个容量评估专家在分析了第 j（$j = 1,2,\cdots,n$）批证据后，得到一个属于识别框架的命题集合，并根据经验和已经得到的证据给出各命题出现的可能性 M_{ijl}（$l = 1,2,\cdots,l_i$，$l_i \leq p$，$0 \leq M_{ijl} \leq 1$），其中，l_i 是第 i 个专家认为可能发生的命题个数，每个专家的 l_i 可以不相同。我们将专家预计某一命题发生的可能性定义为该专家对这一命题的支持度。

Step2：将支持度 M_{ijl} 归一化：

$$m_{ijl} = \frac{M_{ijl}}{\sum\limits_{i=1}^{l_i} ijl} \tag{3-67}$$

则可得基本可信度分配：

$$m_{ij} = (m_{ij1}, m_{ij2}, \cdots, m_{ijl}) \tag{3-68}$$

Step3：根据式（3-63）建立信度函数 Bel_{ij}。

Step4：根据 Dempster 合成法则融合第 i 个容量评估专家对 j 批证据的基本可信度分配，得到 m_i，它表示了多批证据对同一动态容量的联合支持度，记为：

$$m_i = m_{i1} \oplus m_{i2} \oplus \ldots \oplus m_{ii} \tag{3-69}$$

Step5：根据 Dempster 合成法则融合 k 个容量评估专家的基本可信度分配，得到 m，它表示了多个专家对同一动态容量的联合信度，记为

$$m = m_1 \oplus m_2 \oplus \ldots \oplus m_i \tag{3-70}$$

通过 m_i 或 m 可以得到所有证据或专家对各个动态容量评估结果的可信度，也就为进一步的流量管理决策中动态容量值的选取提供了量化的参考依据。

第六节　基于管制员工作负荷的主观容量评估

通过分析实际的管制过程，管制员的具体工作内容主要包括：① 接收相邻管制区移交的航空器并进行识别；② 调整航空器高度；③ 调整航空器速度；④ 雷达引导航空器；⑤ 监视航空器飞行轨迹；⑥ 发现并解决航空器之间的冲突；⑦ 为航空器提供气象、飞行活动和航行情报；⑧ 将航空器移交给下一个管制区等；⑨ 计算航空器的航行诸元；⑩ 整理进程单；⑪ 填写进程单。

根据管制员的工作内容，可以将管制员工作负荷定义为：航空器在管制员所管辖的区域内飞行，管制员需要对航空器发送指令、接受反馈指令、监视航空器飞行、发现解决冲突以及填写进程单等辅助工作，为了完成这些工作，管制员需要承受身体和精神上的压力，将这些压力转化为以时间单位计量，通过时间的消耗完成以上工作，缓解压力，则管制员工作负荷的大小用时间的消耗长短来表示。

对于工作负荷的测量方法主要分为测量管制员的生理与心理指标、主观评估管制员工作负荷和客观评估管制员工作负荷三类。目前国际上比较成熟的方法是"DORA"和"MBB"方法。下面将对目前常用的方法进行简要介绍。

一、"DORA"方法

"DORA"方法是英国运筹与分析理事会提出的评估雷达管制员工作负荷方法，在该方法中，管制员工作负荷分类如图 3-13 所示，主要包括看得见的工作、看不见的工作和恢复时间，其中看得见的工作又分为日常工作时间和解决冲突的工作时间两部分，看不见的工作主要指思考计划的工作时间。

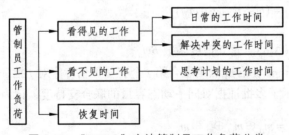

图 3-13　"DORA"方法管制员工作负荷分类

对于管制员工作负荷的测量，一般需要外界调查人员记录，管制员本身是不能够参与记录的，否则将增加负荷，也会使测量结果不准确，看得见的工作就是调查人员容易记录的工作，可以得到准确的计时，例如陆空通信、填写进程单等。对于每架航空器而言，都存在一定的例行工作，也就是说即使管辖空域内只有一架航空器，管制员需要做很多工作，例如航空器进入扇区后，对航空器的识别、接受、例行通告、重要点报告、移交等。所以，例行工作是根据航空器通过扇区的标准航迹，管制员使用标准通话用语等评估的，是工作顺序固定的执行时间。

看不见的工作对于管制员来说也是十分关键的工作，尤其是在飞行流量大，管制工作繁忙的情况下，这些是调查人员不容易直接记录的，当然计时更加困难。这些工作主要包括管制员计算航空器的航行诸元、发现冲突并制定冲突解脱策略、监视航空器飞行等。本方法主要是对进程单的数量及操作情况予以记录来计算看不见的工作负荷，需要记录扇区管制员管制每架航空器需要填写进程单的数量与次数，检查进程单的次数与时间等数据，最后求得看不见的工作负荷。当交通量增加，看不见的工作负荷将显著增加，这会对管制员造成生理和心理影响，需要更详细的研究和准确的测量。

管制员的工作过程中是需要恢复时间的，虽然这部分只占一小部分，但为了保证评估出的容量可以支持扇区安全持续运行，恢复时间是很重要的。所以工作负荷包括看得见的工作、看不见的工作和恢复时间，这三部分时间的总和即为工作负荷数值。

在这种方法中，虽然将管制员的工作进行了分类，不过分类并不具体，不利于保证工作负荷测量的准确性。但是该方法提出了恢复时间的概念，这是一部分非常重要的负荷。

二、"MBB"方法

德国梅塞施密特、特尔科和布卢姆研究得出了"MBB"方法，该方法对于工作负荷的分类如图 3-14 所示，主要包括无线电通话时间长度、行动时间及登记和处理信息时间，其中行动时间又分为填写进程单和排列进程单时间，而登记和处理信息时间分为可直接观察的时间和不能直接观察的时间。

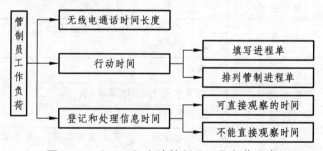

图 3-14 "MBB"方法管制员工作负荷分类

"MBB"方法如图 3-14 所示，此方法将管制员工作负荷分为三类，其中无线电通话时间、行动时间和信息的登记处理中可观察的部分都属于可观察的工作，不可观察的工作就是登记和处理信息的另外一部分。这些时间的总和即工作负荷，将这些工作分类测量以后，考虑扇区的结构和交通流的特点等计算扇区容量。

这种方法对于管制员工作负荷的分类更加详细，并且将无线电通话和其他工作分开测量，给记录人员带来方便，使得测量结果更加准确，也就提高了容量评估结果的准确性。

三、"MMBB"方法

"MMBB"方法综合了"DORA"和"MBB"两种方法。取两种方法的优点，它采取了"MBB"方法中对工作负荷的分类，同时又利用了"DORA"方法中对各种情况的具体分析方法，划分难度等级，尤其是对于不可观察的思考时间，可以得出比较准确的结果，它是两种方法的综合及发展，更加准确地测定工作负荷，就能够更加准确地评估容量。

四、基于管制员工作负荷的雷达模拟机评估方法

这种方法是在模拟机上模拟所要评估的空域，包括空域结构、航路航线、交叉点等都与实际空域相同，然后编排航班计划，选择成熟管制员在雷达模拟机上指挥，模拟实际管制场景。模拟开始后，按照航班计划使得飞机进入和离开评估区域，不断增加航班量，直到管制员工作负荷达到饱和，则此时航班量不能继续增加，那么容量就到达了饱和，容量等于航班架次与时间的比值。在这个方法中管制员的工作负荷被分为冲突负荷、调整高度负荷、移交工作负荷、监视负荷等。在这个方法中，雷达模拟机和真实环境还存在一定差别，管制员的压力和注意力的集中是有所不同的，尤其是在航班量比较大的时候，会对容量存在一定的影响。

可根据管制指挥程序，分析其他相关指令的发布个数和时间。表 3-4 提供了常用的管制过程中的管制服务种类以及各种管制用语的工作负荷统计数据，以此来推算单位时间管制负荷，进而推算空域容量。

$$\omega(t) = \sum \rho_i \times t_i = \rho_1 \times t_1 + \rho_2 \times t_2 + \rho_3 \times t_3 + \cdots + \rho_n \times t_n \qquad (3-71)$$

表 3-4　常用管制指令的工作负荷统计表

第 i 种管制服务	管制种类	管制用语	工作负荷/s
1	高度指令	上升/下降标准气压（或修正海压）或保持（高度）直到	1.6
2	减速指令	减速到	1.2
3	移交改频	联系区域管制/塔台管制，再见。	2.2
4	位置报告	下次在（重要点）报告	5.1
5	目视识别	雷达已识别，证实上升（高度）/通播有效，沿（航线代号）进场	5.2
6	目视监视	—	1
7	标牌拖放	—	1
8	离场管制许可指令	可以沿（航线代号）离场，上升到修正海压	7.4
9	进场管制许可指令	可以沿（航线代号）飞行，预计盲降进近，跑道	5.2
10	离场雷达引导	雷达引导由于（原因），左/右转航向	5.4
11	进场雷达引导	雷达引导由于（原因），左/右转航向	7.4
12	进场雷达引导终止	左/右转直飞（重要点），恢复自主领航，位置/距接地点，继续盲降进近跑道，雷达服务终止	7.2
13	进近许可	可以进近，跑道号，建立进近报告	1.5
…	…	…	…

五、自我评估方法

"NASA-TLX"量表方法是一种自我评估方法，是由美国 NASA 的 AMES 研究中心提出的，该方法认为工作负荷是任务需求、所处环境和管制员的技能、状况、认知相互作用的产物，提出从精力、生理、时间、能力、努力、压力程度六个方面评估。

上面所介绍的各种评估方法基本上都是采取将管制工作分类，将每一类工作测量工作负荷以时间来表示，再根据管制员能够承受的工作负荷阈值确定扇区容量。但是对于不同的管制扇区，航路航线结构、运行方式等客观因素差异较大，管制员的个体情况也不相同，所以这种方法存在一定的局限性。

第七节　基于计算机仿真的客观容量评估

随着计算机技术的发展，通过建立计算机仿真模型求解扇区容量的研究越来越广泛。目前，国际上使用较为流行的此类软件，一是美国联邦航空局的 SIMMOD 软件，二是美国波音公司的 TAAM 软件，该软件在机场和空域的仿真以及实际容量的评估方面有较多的应用。

构建区域空中交通仿真模型是通过复现现实空域实际运行，根据实际航班流比例配置，考虑航班具体飞行轨迹，解决航空器飞行轨迹上的冲突，计算区域容量的方法属于客观容量评估。区域容量系统仿真模型的建立主要分为如下四个步骤。

第一，分析和归纳主要的区域容量影响因素，作为仿真模型生成的指标和依据；第二，在交通分析的基础上，建立系统总体框架，确定需要描述的模块，明确模块与模块之间的关系；第三，针对具体模块，确定相关算法，编写程序语言进行仿真建模；第四，比较实际数据与仿真数据之间的关系，对仿真模型进行验证。

仿真模型包含以下几个关键算法：航班生成算法、动态因素影响算法、冲突探测与解脱算法和容量结果计算算法等。在考虑了影响区域容量的各种因素并根据实际飞行情况建立了相应的仿真模型，并具有如下优点。

（1）仿真模型可以复现空域环境、扇区结构、交通流特征，可以通过参数设定航班流比例、管制间隔、仿真时段等数据。

（2）仿真模型能够方便地更改约束条件以达到评估不同情况下的容量，例如可以更改空域结构、管制条件、军航影响以及气象特征等，并且能够评估这些因素的单一影响和综合影响，找到容量限制的瓶颈。

（3）用户可以直观地看到仿真视图，了解空域运行情况，方便用户分析和处理仿真结果。

在基于仿真的容量评估方法中，只考虑了扇区结构、飞行程序、航班流比例和管制间隔等客观因素，而忽略了管制员的因素。有的扇区即使空域环境和天气状况等条件良好，仿真评估的容量较高，但实际运行的容量却偏低，这是因为没有考虑管制员的工作负荷，此时，基于管制员工作负荷评估的扇区容量比仿真评估的容量值低。因此，运行容量达不到仿真评估的容量值，也说明了原先的扇区划设不合理。所以，仿真模型只能反映空域环境中的客观因素，对于管制员是否可以承受所评估出的容量，是否能够提供安全保障等方面没有充分地做出考虑。

表 3-5 对当前国内外主流的容量评估仿真软件进行了比较。

表 3-5　当前国内外主流容量评估仿真软件比较

容量评估仿真系统	SIMMOD	TAAM	ASMES
驱动方式	离散事件	事件驱动	时间驱动
仿真方式	静态	半动态	静态
研究对象	机场地面交通管理、飞机油耗估算以及航线运行	整个空中交通系统，进行门到门的全过程仿真，模拟 ATM 的各项环节	指定空域、机场地面的容量或运行状况、对近期调整方案或规划方案进行评估
输入数据	机场地面与空域的详细说明、空中交通情况的描述	空中交通时间表、机场和空域环境描述、飞机飞行计划，空中交通控制机输出控制规则	根据航班的飞行轨迹和外部冲突计算出航空器过每个位置点的时间，按照时间序列模拟航班的飞行过程，等待方式解决，不考虑飞行过程中出现的外部意外干预
输出数据	具体地理点的交通流量，单位时间的吞吐量、延迟及延迟地点，油耗	生成各项评估指标，图表或纯文本报告	
模拟过程	三维仿真，二维视图	三维仿真，二维和三维视图	三维仿真，二维视图
评估成本	较为低廉	非常高	低成本、高性价比
研发国家	美国	美国、澳大利亚	中国

第八节　空域容量评估系统应用

一、容量评估系统

机场容量评估模块是容量评估席位的一个重要组成部分。该模块提供了和用户很大程度的交互，可以根据用户的需求输入各项参数值，从而计算出机场的最大容量。其中提供的优先级系数，为到达飞机与起飞飞机的优先级比，可根据各个时段到达飞机和起飞飞机的比例情况来设置，评估各个时段的最大容量。对于评估的结果，可以存入数据库进行保存，用于实际容量的计算。

二、机场容量评估系统应用

本小节基于自主研发的容量评估系统介绍系统主要功能和应用程序，该系统的实现是基于 Windows Professional 的操作系统；使用 VC++、C++等语言进行编程，采用 Visual Studio 6.0 开发平台；数据库使用是 Oracle9i；网络通信采用 TCP/IP 协议。

用户输入的参数可以由用户根据实际情况设定或者取默认值。其中到达间隔标准和起飞间隔标准由相关规定得到。

取仿真的总架次为 10 000 架，仿真次数为 20 次，所产生随机航班流的前后机概率的取值如图 3-15 所示。可以看出，各概率的取值都趋于稳定，取值线的波动较小。

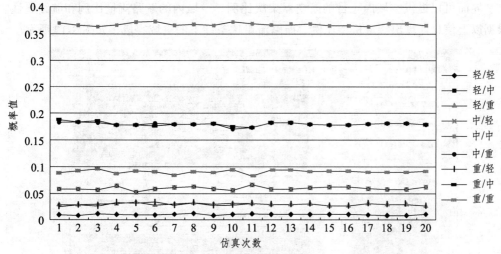

图 3-15　前/后机概率仿真结果

其他参数的设置和跑道使用的情况，根据各机场的实际情况设置。

优先级的取值可根据跑道的使用情况和具体时间段到达和起飞飞机流的比例来设置。在程序中，p=0 时，表示只有到达飞机时的容量值；p=5 时，表示只有起飞飞机时的容量值。

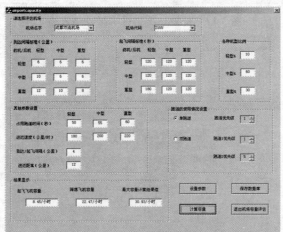

图 3-16　机场容量评估界面

容量评估界面（见图 3-16）：在界面上，显示出了每次根据不同输入参数计算出来的机场最大容量值，供管制员参考。

数据中心：对于每次计算出来的机场最大容量和实际容量值，可由管制员选择是否提交到数据中心。若提交，则存储新值到数据中心。

人机界面：若管制员选择提交新的容量值，则同时会传输该值给人机界面显示子系统，以进行实时的数据更新。

三、进近、终端区容量评估系统应用

界面可以提供空域内飞行的航空器架次比例，空域内的航路流量比例和航路属性。根据以上信息计算出特定机型比例、航路流量比条件下的空域容量，如图 3-17 所示。

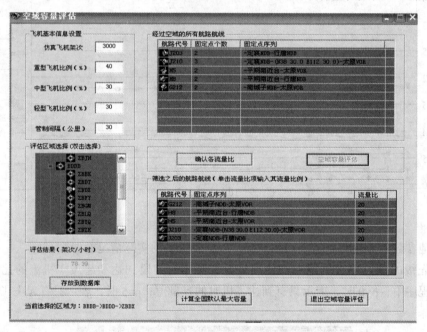

图 3-17　进近、终端区容量评估界面

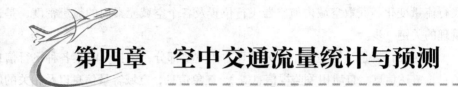

第四章　空中交通流量统计与预测

　　空中交通流量管理系统不但要求实时掌握当前空中交通整体运行情况，还需要准确预测未来交通流量发展变化趋势，以便及时做出科学、合理的流量管理决策。所以流量预测技术在 ATFM 系统中占有非常重要的地位：它是保障飞行安全的有力支持手段，是实施流量控制的前提条件，是空域结构配置、分配、合并以及评估的基础依据；它可以协助管制员在实时流量管理中做出有效的决策，也为战略和预战术阶段优化航班时刻表提供有力的决策支持，是进行科学流量管理的前提和基础。

　　本章主要讨论空中交通流量统计与预测方法，在介绍了有关概念、影响因素及研究概况后，针对空中交通流网络系统的各个经典流量预测模型进行了详细的讨论。

第一节　空中交通流量统计概述

一、实时流量统计目的

　　近年来，中国民航业发展迅速，航班量急剧增加，而相应的地面设施、导航设备、服务保障方面发展缓慢，航路结构不合理，无法适应当前高速发展的民航业，尤其是目前我国对空域实行严格限制，空中禁区多，军方负责组织实施全国飞行管制工作，民航方面可调节的余度很小。因此在民用航空运行中经常出现这样的问题，在一年的某些时期内、在一个星期的某些时间内和在一天的某些小时内，某一空域、某一航线上飞机过于集中和拥挤或因气候等其他原因造成某一空域的空域管制中心的管制保障能力无法承担飞行流量需求的情况，为此往往通过流量控制的方式解决问题，即通过限制进入空域的航班架次以达到限制空域内飞行流量的目的。

　　流量管理是解决空域拥挤的重要手段，管制单位在确切了解空域的使用情况和航班分布密度的基础上，才能在恰当的时机发布合理的流控信息。因此正确掌握空域内实时飞行流量变化，获取空域内航空器飞行位置及各个空域元素内的航班密度，是进行流量管理的关键一步。

　　实时飞行流量计算是空中交通管理中的重要部分，包括：收集各种飞行信息，监视信息（雷达信息、自动相关监视信息等），气象信息，空域容量信息以及相关的航行情报等等。通过对航空器监视数据的获取和处理，并利用一系列飞行流量计算方法，计算得到各类型空域的实时交通量，并按照一定更新机制更新计算结果，从而达到监视空域内飞行情况，掌握飞行态势的目的。

二、实时飞行流量定义

　　实时飞行流量计算是指根据飞行计划、航线情报和综合航迹，得到指定监视空域当前的空中交通流量数据。监视空域包括：机场终端区、进近空域、航路/航线、空中走廊、固定点、走廊口、重要监视点。

　　通过处理实时系统航迹数据或计划航迹数据判断选定空域范围内的当前实际航迹目标数，得到该空域范围的实时流量，供显示模块显示，计算流程如图 4-1 所示。

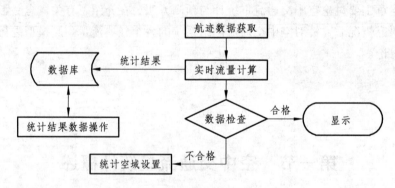

图 4-1　实时流量统计计算流程图

空中交通流量计算有如下标准。

（1）一架飞机起飞，按一个架次的流量统计。

（2）一架飞机降落，按一个架次的流量统计。

（3）上述两条是把跑道作为一个机场内的单独空间，因此，起降各为流量一架次；如果跑道作为一个机场区域的一部分，那么场内飞行，应该是一起一降为流量一架次，而不是流量两架次。

（4）凡是在单位时间内、某空域内通过的飞行架次，就是飞行流量的架次。

　　所有流量监视信息自动更新，更新周期在 10 s 至 60 s 内适应性设置。

第二节　基于监视数据的实时流量统计方法

一、问题提出

（1）$F = \{f_1, f_2 \cdots f_n\}$：表示航班集合。其中 f_i 包含三个元素：$\{long，lat，height\}$，航班 f_i 用其当前所在的位置点、高度表示。

（2）$P = \{p_1，p_2，\cdots p_{count}\}$：表示空域平面投影的顶点集合。其中 p_j 为区域多边形的一个顶点，有 $p_j = \{long，lat\}$ 表示该顶点的经纬度坐标。

（3）H：$H = [h_{min}, h_{max}]$，区域的高度范围，h_{min}、h_{max} 分别为空域的高度上下限。

（4）$Pcross = \{pc_1, pc_2, ..., pc_n\}$：表示以飞机所在位置做射线，与区域投影多边形的交点集合，$pc_j = \{long，lat\}$。

（5）$Flag = \{flag_1，flag_2，\cdots flag_n\}$：表示飞机是否在区域多边形内的标志矩阵。若 $flag_j = 0$，表示航班 f_i 不在区域内，若 $flag_j = 1$，表示航班 f_i 在区域内。

根据《中国民用航空空中交通管理规则》（CCAR-93TM-R5），《民用航空使用空域办法》（CCAR-71），我国民用航空使用空域有严格的高度限制。计算空域内实时流量的关键在于通过高度、位置判断航班在此刻是否处于空域内。而在进行高度判断后，需要用水平投影方法判断航空器与空域投影范围的位置关系。由于我国空域单元形状不同，因此投影至平面上时，分为面空域、线空域和点空域。

二、点空域的实时流量统计

点空域包括航路上固定点、边界点、导航台等，可以认为只要有目标在以该固定点为圆心的半径为 2 km 的圆内，就将该目标记入该固定点的"当前的流量"。这类空域在计算实时流量时暂不考虑高度因素。

图 4-2 为航空器与点空域关系图，其中航班从由左至右以阿拉伯数字标识，它们的水平投影位置以 $p1$、$p2 \cdots$ 标识。图 4-2 中 A 为导航台，4 架航班分别做水平投影，其中航班 1 的位置位于以 A 为圆心，r 公里为半径的圆外，那么认为该时刻，航班 1 并未处于导航台 A，因此得到 A 的实时流量为 3 架次。

对于点空域：判断飞机位置与空域位置的距离，是否小于距离门限，若小于则认为该飞机在空域内。

算法步骤：

判断 P 集合中元素个数，若 $count = 1$，为点空域。

步骤 1：取集合 $F = \{f_1, f_2 \cdots f_n\}$ 中航班 f_i，求 f_i 到点的位置：

$$D(f_i, p_1) = \sqrt{(f_i.long - p_1.long)^2 + (f_i.lat - p_1.lat)^2} \qquad (4\text{-}1)$$

步骤 2：若满足下式：

$$D(f_i, p_1) > r \qquad (4\text{-}2)$$

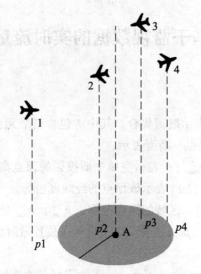

图 4-2　点空域实时飞行流量计算

则令 $flag_j = 0$。否则令 $flag_j = 1$。

三、线空域的实时流量统计

　　线空域多为航路，航路是由国家统一划定的具有一定宽度的空中通道，以连接各个地面导航设施的直线作为航路中心线，规定有上限高度、下限高度和航路宽度，因此航路也可以理解为一个多边形为底的多面体空域。根据《中国民用航空空中交通管理规则》（CCAR-93TM），《民用航空使用空域办法》（CCAR-71），民用航空使用航路有严格的宽度限制，航路的宽度是 20 km，其中心线距离两侧各 10 km，如果航路的某段受条件限制，可以缩减宽度，但不得小于 8 km。

　　图 4-3 为航空器与线空域关系图，其中航班由左至右以阿拉伯数字标识，它们的水平投影位置以 $p1$、$p2$…进行标识。一旦航空器满足高度限制，则会利用水平投影的方法判断航空器与航路中心线的位置关系。图中 A、B 表示航路上的两个固定点，它们之间为宽度为 d 千米的航路段，分四个高度层。根据 6 架飞机的位置，可以判断出航班 6 已经离开该航路段，它的投影位置在航路段投影区域之外。因此在此段航路上实时流量为 5 架次。

　　对于线空域：判断飞机与该线的距离是否限于航路段宽度一半，且判断是否在线端点的位置范围以内。算法步骤如下：

　　判断 P 集合中元素个数，若 $count = 2$，为线空域。

　　步骤 1：取集合 $F = \{f_1, f_2 \cdots f_n\}$ 中航班 f_i。

　　步骤 2：利用 $p_1 p_2$ 经纬度，判断是否满足以下条件：

$$f_i.height \notin H$$

$$f_i.lat < \min(p_1.lat, p_2.lat)$$

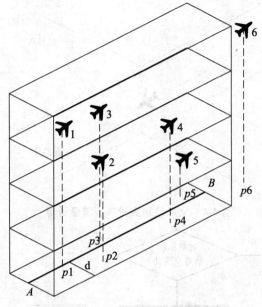

图 4-3　线空域实时飞行流量计算

$$f_i.lat > \max(p_1.lat, p_2.lat) \qquad\qquad (4\text{-}3)$$

$$f_i.long < \min(p_1.long, p_2.long)$$

$$f_i.long > \max(p_1.long, p_2.long)$$

若满足以上条件之一，则令 $flag_j$ =0。否则转步骤 3。

步骤 3：求线空域的线性方程：

$$L = \{a,b,c\}, \quad a = \frac{p_1.lat - p_2.lat}{p_1.long - p_2.long}, \quad b = -1,$$

$$c = -(b \cdot p_1.lat + a \cdot p_1.long) \qquad\qquad (4\text{-}4)$$

求 f_i 到 L 的距离 $D'(f_i, L)$。若

$$D'(f_i, L) > d \qquad\qquad (4\text{-}5)$$

则令 $flag_j$ =0，否则令 $flag_j$ =1。

　　但在实际飞行中，由于航路有交叉，因此一味按照图 4-3 的方法，会重复计算处于航路交叉点的航空器。当航路 A、B 有交叉时，航空器位于交叉处，同时位于航路 A、B 的水平范围和高度范围内，此时该航空器将被重复计算，如图 4-4 所示。

　　考虑到图 4-4 的情况，本文设计了利用雷达数据对航空器飞行轨迹进行拟合，实施飞行流量修正的方法，步骤如下。

　　（1）取该航空器连续四个雷达数据。

　　（2）若利用最小二乘法计算飞行航向角 θ，与航路航向角进行比较。

　　（3）若角度差大于门限值，则认为航空器仅仅经过了航路的交叉口，并未沿着航路飞行。如图 4-5 所示。

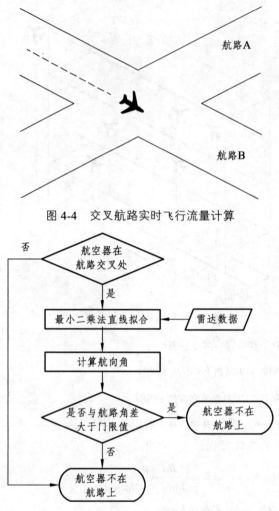

图 4-4 交叉航路实时飞行流量计算

图 4-5 线空域实时飞行流量修正流程图

四、面空域的实时流量统计

面空域包括民航机场、扇区、进近、终端区、飞行情报区等。由于它们是以多边形为底的多面体空域，故只要在当前时刻有目标位于柱体内，就将该目标记入该空域的实时流量。

图 4-6 为航空器与面空域的关系图，其中航班由左至右以阿拉伯数字标识，它们的水平投影位置以 $p1$、$p2$… 标识。如图所示当航空器满足高度限制，则会利用水平投影的方法判断航空器与区域的位置关系。图中航班 1 的高度超出了空域高度范围，航班 3 的水平投影位置在空域投影范围之外，因此只有满足高度、位置条件的航班 2 会处于空域中，组成该空域的实时流量。

值得注意的是，图 4-6 中空域 B 包含在空域 A 中，这种包含方式的空域结构并不罕见，例如在机场终端区范围内包含进近空域或包含机场塔台管制空域等。因此本文针对空域的包含关系，对面空域的飞行流量进行修正。

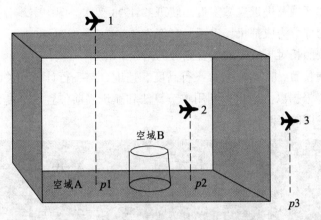

图 4-6　面空域实时飞行流量计算

对于面空域：首先判断空域内是否包含其他空域。判断该飞机是否在此内含空域内，若在内含空域内，则不重复计算，若不在内含空域内，以飞机所在位置作水平射线，计算该射线与空域投影区域的交点，讨论交点个数和交点位置，判断飞机是否在区域内。

算法步骤：

判断 P 集合中元素个数，若 $count > 2$，为面空域。

步骤 1：取集合 $F = \{f_1, f_2 ... f_n\}$ 中航班 f_i，若 $f_i.height \in H$，转步骤 2。否则 $flag_j = 0$。

步骤 2：取区域多边形的顶点 p_j 与 p_{j+1} 的位置点信息，若满足以下条件的任意一个：

$$p_j.lat = p_{j+1}.lat$$
$$f_i.lat < \min(p_j.lat, p_{j+1}.lat) \tag{4-6}$$
$$f_i.lat > \max(p_j.lat, p_{j+1}.lat)$$

则转到步骤 6，否则转到步骤 3。

步骤 3：计算交点的坐标：

$$long = \frac{(f_i.lat - p_j.lat) \times (p_{j+1}.long - p_j.long)}{p_{j+1}.lat - p_j.lat} + p_j.long \tag{4-7}$$

转到步骤 4。

步骤 4：若 $long > f_i.long$，若 $\exists pc_j, pc_j \in Pcross$，满足 $pc_j.long = long$，转到步骤 6，否则转步骤 5。

步骤 5：新建交点 $pc = \{long, f_i.lat\}$，令 $Pcross = Pcross + \{pc\}$。

步骤 6：若 $j < count$，则 $j++$，转到步骤 2；否则转到步骤 7；

步骤 7：判断 $Pcross$ 中元素个数，若为奇数，则令 $flag_j = 1$，否则令 $flag_j = 0$，

五、算例分析

根据本节描述的实时流量统计方法，利用成都区域及进近空域某日实时航空器分布

图，统计当日实时流量。图 4-7 给出了某时刻成都区域及进近内航班位置分布示意图。

在某时刻成都区域及进近空域附近的航班共计 23 架次。图中空域分为四部分。中间多边形近似椭圆的部分为成都机场进近，高度为 4 800 m，如图 4-7 所示，其他扇区属于成都区域范围并按照相对于进近的位置划分为南扇、北扇、西扇三部分。其中 23 架航班均有飞机标识当前位置，并给出航班飞行高度、速度，与飞行计划相关的航班还标识了机型和航班呼号。根据以上数据，利用本节算法和航班当前位置、高度，基于空域结构可计算出各个子空域的实时流量。

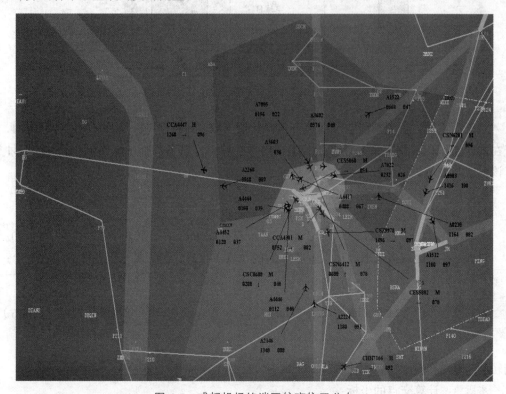

图 4-7　成都机场终端区航班位置分布

根据各航空器高度可知，进近空域内航班分布较多，这些航班高度均在 6 000 m 以下，它们均为从成都机场起飞或预备在成都机场降落，处于爬升、降落过程的航班。其中航班 CCA4301 虽然位于进近范围，但其高度为 7 520 m，高于进近空域范围，此航班并未在成都机场起飞或降落，而是穿越成都区域范围，该航班属于区域南扇区。因此整个成都区域及进近范围内共有航班 17 架次。分布于各个子空域中。航班 CHH7166 等 5 架航班位置不处于任何一个空域内，因此不计算实时流量。具体计算结果为如下内容。

（1）西扇区：实时流量 1 架次，呼号为 CCA4447。

（2）南扇区：实时流量 4 架次，呼号及应答机编码为 A2146、A2224、CCA4301、CSZ9978。

（3）北扇区：实时流量 3 架次，呼号及应答机编码为 A2260、A1522、A3603。

（4）进近：实时流量 9 架次，呼号及应答机编码为 A4452、A4444、CSC8688、A4446、

CES5882、CES5868、A7022、A7005、A4417。

（5）总计：实时流量 17 架次，呼号及应答机编码为 A4452、A4444、CSC8688、A4446、CES5882、CES5868、A7022、A7005、A4417、A2260、A1522、A3603、CCA4447、A2146、A2224、CCA4301、CSZ9978。

由此可知，利用本节算法结合高度、经纬度位置可实时计算出各个空域内的当前流量。

第三节 空中交通流量预测概述

一、空中交通流量预测意义

4D 飞行轨迹预测的主要目的在于保证飞行安全、维护空中交通秩序和加速空中交通流量，同时也可以提高时间、空间资源和各种设备的利用率和工作人员的工作效率，具体包含以下几个方面的内容。

（一）显示 4D 飞行剖面

通过计算航班按给定航线飞行的飞行剖面实时获得航班的时间与空间和飞行位置信息。根据航班的飞行时间，模拟航班的飞行过程，得到航班的 4D 飞行剖面，有利于管制员对某一时段空中交通流量的管制。

（二）预计航班起飞/到达时间

根据计算得到的航班飞行时间，可计算出航班预计到达时间。通过该航班预计到达时间可对其前后某一时间段内的航班队列进行优化排序，确定出该航班是否能够加入到达航班队列中，确定航班的预计起飞时间。这有利于中国民航局和各个航空公司合理制定航班时刻表和加班航班的飞行计划。

（三）速度和高度咨询

根据计算得到的飞行剖面，确定终端区内各个 SID 节点处的高度和速度限制，为管制员的工作提供了参考依据，减轻了管制员的负担。并且对于相同型号相同飞行计划的航班在终端区内的飞行给出了标准限制。

（四）下降点咨询

根据计算得到的飞行剖面，确定出合理的下降点，减轻了管制员和飞行员的负担，提高了空中交通管理的自动化程度。

（五）冲突探测

航迹预测可以预测出航班飞行过程中经过指定点的高度、速度、航向、时间。可以提前预测到各种潜在的飞行冲突，来帮助管制员提前采取相应的间隔调配措施，避免出现飞行冲突和危急情况。

（六）自由飞行

飞行员只有根据实时提供的周围航班的 4D 飞行剖面，在此基础上才能在管制和相关飞行规则下，自由选择本机的飞行航线和飞行速度。

二、空中交通流量预测定义

预测学运用观察、归纳、演绎、推理等分析方法，运用数学模型和试验方法，根据客观的历史资料、实际经验和教训，研究客观事物的发展趋势和规律，从而在技术上保证了预测结果的可靠性和准确性。

预测的目的在于研究和掌握事物的发展规律，最终使人们对事物的未来发展有一个估计和推断。空中交通流量预测是对未来空中交通系统内可能运行的航空器数量的预测，预测量既是规划交通运输设施所需规模的基础，也是保障空中交通系统高效安全运行的基本依据。

预测包含预测信息、预测技术、预测分析和预测判断四个基本要素。预测信息是预测的基础，是指调查研究收集到的关于研究对象的背景资料、统计数据、动态情报以及预测者的经验和知识；预测技术是指在预测过程中对预测对象进行质和量的分析时所采用的各种方法和手段的总称；预测分析是指预测者根据自己的经验和有关理论所进行的四维研究活动，贯穿于预测活动的整个过程；预测判断贯穿于预测的整个过程中，如收集哪些资料需要判断，选用何种预测方法进行预测需要判断，对于预测结构是否合理或是否对预测结果进行修正也需要判断。

三、空中交通流量预测分类

根据流量预测方法所应用的层面不同可以分为两大类：战略流量预测、预战术或战术流量预测。前者主要从宏观的层面把握某一空管单元的整体流量长远发展趋势，往往通过历史数据的统计分析来预测未来流量，为战略层面的决策规划提供支持；后者主要从各个具体的、不同航班计划的 4D 轨迹着手，研究短时间内的流量变化趋势，准确计算各航班到达确定位置的过点时间，为具体的流量管理方案提供决策支持。

流量预测的范围很广，根据不同的分类标准，预测可以按预测的范围、按预测的时间长短、按预测方法的归类和按是否包含时间变动因素这四个方面进行分类。

（1）按预测的范围分类，可以分为：全局预测和局部预测。

（2）按预测的时间长短分类，可以分为：宏观长期预测和微观短期预测。

宏观长期流量统计预测一般建立在历史统计数据的基础上，并与社会经济和自然环境等联系在一起，具有重大的长期意义。宏观长期流量统计预测为调整国家空域结构和缓解局部区域拥挤问题提供了理论依据，并对充分利用整个空域和优化飞行流量等方面都具有一定的指导作用；能从宏观的角度上合理地安排全国航班计划，提高各大航空公司的经济运营利润；对机场建设和长期规划有着重要的辅助性帮助；对建立新的区域管制中心具有参考性价值。

微观短期预测基于当日或当前的数据进行预测，也称为动态预测。由于我国空域结构复杂，空中航空器冲突不断发生，所以，进行微观短期流量统计预测的意义重大。首先，微观短期流量统计预测是实现流量管理的前提和依据。相关资料表明，广州白云机场航班延误的主要原因之一是广州区域管制中心与其他相邻单位互相实施流量控制策略，而这种流量控制的实施存在盲目性和随意性，其中的主要原因就是管制单位对未来时间管制区域内流量的分布状况以及发展趋势没有一个科学直观的依据，缺乏技术的支持和数据的支撑。首先，微观短期流量统计预测将有助于管制员和空中交通管理员提前了解空中可能发生拥塞的航段和交叉点，便于管制员和空中交通管理员提前做好调配工作。其次，微观短期流量统计预测是保障飞行安全的有力支持手段。区域中不同航空器的相对飞行、追赶飞行、交叉飞行较多，所以实际区域管制工作的重点之一就是防止航空器之间发生危险接近，保证航空器能够安全有效地运行。再次，我国的扇区配置、分配工作基本上是基于经验进行的。微观短期流量统计预测可以为合理地划分扇区提供科学上的依据，当有些扇区的流量过大时可以根据实际需要增开新扇区以分担一部分流量；流量过小时则可以将一些扇区进行合并，进而有效地利用人力资源和空域资源，这些情况下，如果不进行开合扇区，仅凭经验就想达到预期的效果是很困难的。另外，微观短期流量统计预测技术为合理地修订航班的时刻表提供了理论依据。我国目前的航班时刻表制作的主要根据是航空公司的申请，在此基础上人工统筹形成的，航班时刻表的安排存在一些主观因素，微观短期流量统计预测的结果反映出的一些拥塞点以及航段可以作为修改航班时刻表的理论参考。为此，本文将重点研究微观短期流量统计预测技术。

（3）按预测方法的归类分类，可以分为：定性预测和定量预测。定性预测是指对未来需求的性质发展的一般变动方向和大致趋势所做的预测，它侧重于对经济过程本身性质的分析和预见，但有时也含有某些数量的说明和必要的数量分析，主要根据经验，取决于判断能力，缺少数据。常用的有专家意见法、个人判断法、专家会议法、头脑风暴法、相关类推法、对比类推法等。定量预测是指运用统计方法和数学模型来判断未来的规模和数量，通常有时间序列分析预测法（移动平移法、指数平滑法、趋势外推法等）和因果分析预测法（回归分析预测法、灰色系统模型预测法等）。

（4）按是否包含时间变动因素分类，可以分为：静态预测和动态预测。

预测的程序包含：根据预测任务确定预测的目标/期限和预测因子、收集/分析和整理关于预测对象和预测因子的数据和资料、选择预测方法并建立预测模型进行预测、分析评价预测结果。

四、空中交通流量预测研究发展

其他国家尤其是发达国家很早就着手于空中交通流量分布与发展趋势等方面的研究

和开发工作，并建立了自己的空中交通流量管理运行体系，运用科学有效的管理手段保障飞行的安全、并维持飞行需求与空域容量的平衡。其中大多数系统都具有航迹预测的功能。

美国的 MITRE/CAASD 于 20 世纪 80 年代开发了 URET（User Request Evaluation Tool），用于辅助管制员及时发现并解决空中交通冲突。URET 会根据相关空域和飞行计划数据为每个航空器建立航迹，并可由此预测 20 min 内航空器间发生的冲突。URET 也允许空中交通管理员建立一个试验计划航迹，以确定相应的飞行计划在执行前是否会与其他航空器或区域产生冲突。随后在 20 世纪 90 年代，MITRE/CAASD 又开发了 CRCT（Collaborative Routing Coordination Tools）。CRCT 根据飞行计划、雷达数据、扇区和航路信息、当前气象预测信息、机场延误统计、航空器性能、空中交通管制程序和限制等信息为航空器建立航迹，从而预测区域中航空器的数量，以帮助管制员形成流量管理策略。

CTAS（center-TRACON automation system）是由美国 NASA Ames Research Center 于 20 世纪 90 年代开始开发的一套空管自动化工具，用于辅助管制员，实现终端区空域效率最优化。CTAS 的一个核心能力和为所有 CTAS 工具提供基础的，是对空域每架飞机在一段后推时间之后空间位置的精确预测能力。这个能力是由航迹合成器（TS，Trajectory Synthesizer）模型提供的，也被称作"CTAS 计算引擎"。TS 使用一组简化的飞行器质点运动方程来计算四维航迹未来一段时间内的飞机位置（x，y）及高度。

随后 FAA 建立了综合运控平台——终端区空中交通管制自动化系统 TATCA（Terminal Air Traffic Control Automation），它有效地处理了每个进场和离场的航空器，包括航空器的计划飞行航路，穿越不同管制点的时间、高度和速度等。该系统的一个重要特点就是将航迹预测过程综合到系统中，此外该系统还包括了平行跑道管理器、机场场面交通自动化等。

欧洲国家也相继在同时期开发了用于冲突探测及优化排序的系统。荷兰于 1981 年投入使用了自动时间分配系统 ASA（Automatic Slot Assignment）用于终端区的进近和空域管理，每一类飞行都对应一种航迹预测算法，来计算飞机过指定点的预计时间，由此自动生成进离场计划，并可以检测某些报告点处的冲突情况，法国在 1989 年开发出了预测和优化排序系统，该系统用于进近飞行的计划和控制，根据相关系统的航迹生成来预测飞机的着陆时间，从而对跑道的交通流进场进行排序，并通过相应的延迟措施来调整交通。

PATS（PHARE Advanced Tools）trajectory predictor 是为适应欧洲未来的 PHARE 运行理念而开发的地面航迹预测工具。PATS 的主要思想是：飞行器利用自身装备的航迹预测软件，在遵守地面空管系统定义的一系列限制条件的前提下，确定最优航迹，然后将此航迹发送到地面系统，从而确定飞行间隔标准是否得到维持。

PATS 航迹预测系统的主要角色是帮助地面管制员操纵约束条件，帮助他们在新的约束条件发送给航空器之前对产生的影响进行模拟和评估。PATS 航迹预测系统的核心是 EFMS（Experimental Flight Management System），为航迹预测提供核心算法，它是以机载航迹预测软件为原型，经修改使其可以运行在地面系统上。

空中交通流量的统计与预测是进行流量管理的基础和前提，是空中交通流量管理的一项关键技术。流量管理以及航迹预测在欧美等空中交通发达国家一直以来都是研究的重点，但是在我国却没有得到应有的重视。随着中国航空运输业的持续快速发展，近年来，国内各民航相关科研院所对空中交通流量相关问题展开了深入的研究与论证。

在理论研究方面，王大海等人先后在 1996 年和 2000 年对终端区 4D 导引的水平轨迹、高度剖面与速度剖面的构建进行了理论上的研究和计算机实现。2001—2003 年，徐肖豪、刘建国和杨国庆等人对航迹预测方法进行了深入研究，提出了包括交互式多模型航迹预测算法、航迹预测的 α/β 或 $\alpha/\beta/\gamma$ 滤波算法、自适应单一模型卡尔曼滤波算法和基于图论的变结构相互作用多模型算法等。2003 年，刘玉梅提出了基于最小二乘原理的交通流量预测模型。2005 年，崔德光、吴淑宁和徐冰综合了回归预测方法和人工神经网络预测方法优点，提出了基于组合的方法以提高模型的预测精度。2005 年，彭瑛、胡明华和张颖根据大圆航迹和等角航迹原理提出了动态航迹预测方法。2007 年，郭运韬等对民用飞机航迹预测的关键技术进行了较为系统的阐述。2009 年，王超等人提出了基于基本飞行模型的 4D 航迹预测方法，按飞行阶段的特点用基本飞行模型构建单架航空器的水平航迹、高度剖面和速度剖面。根据航迹特征点的飞行状态信息拟合生成完整的 4D 航迹。

在系统开发方面，2003 年，彭瑛等人采用面向对象的高级编程语言 Microsoft Visual C++6.0 开发了流量统计与预测系统，并对广州空域空中交通流量进行了统计与预测。随后于 2008 年和 2009 年先后开展了二期和三期的研究项目及系统拓展。2005 年，中国民航大学徐肖豪、韩峰等人采用面向对象的 C/S 结构开发工具 Delphi6.0 设计和实现了流量统计与预测系统。该系统通过流量统计和预测模块实现了对用户指定时间范围和空间范围的空中交通流量进行有效的统计，并结合历史数据对全国性或大区域范围内的长期流量进行预测。2005 年，中国民航总局空管局组织研制了空域管理与评估系统，其中空中交通流量统计与预测子系统基于空中交通流量时间序列，并采用趋势曲线模型外推预测法和平滑预测法（线性、二次和三次多项式趋势曲线预测模型以及趋势移动平均法、霍尔特双参数线性指数平滑法和二阶差分方法）对全国、地区、机场和城市对航线的往年年度飞行流量时间序列进行了分析。预测结果具有较高的可信度，能准确反映流量的实际变化趋势。2006 年，清华大学崔德光教授及其 CIMS 研究中心，利用数据挖掘技术对空中交通流量预测开展了初步研究并开发了空中交通管理系统。2008 年，民航 ADCC 研发了中国民航空中交通流量管理系统。其中流量预测子系统可实现对全国空域的流量状况进行动态监控和实时仿真，为空中交通流量管理者提供直观的空域使用状态和流量的分布与发展趋势，为流量管理决策的实施提供技术支持。

第四节　4DT 飞行轨迹推测方法

一、4DT 定义

航空器在空中的位置是用包括经度、纬度、高度在内的三维坐标来显示的，而这个

三维坐标又是与时间相关的，为了更加准确地描述航空器在空中的运动，将飞机的运动
轨迹定义为一个四元组：

$$Trajectory\{longitude,latitude,altitude,time\}$$

分别表示飞机的经度、纬度、高度和到达该位置时间，这就是 4D 轨迹的概念。

4D 轨迹建模和生成是空中交通管理系统必需的基础数据处理功能。冲突探测与解脱、
空中交通流量管理、空域设计与评估、空管仿真模拟训练、其他空管辅助决策工具等，
都是建立在精确的 4D 轨迹预测建模和生成的基础之上。

四川大学和中国民航飞行学院在联合研制航管雷达模拟机的过程中，建立了上百套
针对不同机型、不同性能参数、不同的高度层、不同的飞行状态（平飞、爬升、下降、
转弯等）的精确飞行模型，并在此基础上实现了 4D 轨迹的精确预测。这些模型的有效性
和逼真性已经得到管制员的认可，并广泛用于全民航管制员的养成和在岗培训。此成果
获 1996 年国家科技进步二等奖。

不同的应用系统在空间精度、时间分辨率（更新周期）上有不同的要求，本文中 4DT
轨迹预测主要用于短期流量预测，包括航路关键点过点时间预测、流量预警/告警、进近
排序等等，这些功能在实际应用中的实时性要求较高。所以，本文在结合经验统计数据
的基础上，结合运动模型对航班实际标准飞行过程进行了简化。

二、飞行轨迹

民航运输机的飞行过程比较固定，基本民航飞行过程有 5 个姿态点，每一个点都要
做姿态的调整，这五个点分别是：加速度改变点、加速到巡航高度的点、加速到巡航速
度的点、巡航高度结束点、巡航速度结束点。我们根据姿态变化点把飞行过程分为几个
独立的阶段，如图 4-8 所示。一次完整的航班飞行从起飞到降落要经过起飞机场跑道滑行、
起飞、爬升、巡航、进近、落地、降落机场滑行等阶段。

图 4-8　航班飞行阶段划分

事实上，飞机的起飞爬升和进近落地飞行阶段可看成不同加速度下的变速运动；巡
航阶段则保持巡航速度和巡航高度不变，可看成匀速直线运动。在此基础之上，本节将
飞机整个飞行阶段的运动分解为匀加速直线运动、匀速直线运动和协调转弯运动（匀角
速度转弯运动）三种基本运动，在起飞机场和降落机场的跑道滑行时间则能根据不同机

型的经验统计数据得到。由此预测的 4D 轨迹结构，如图 4-9 所示，其中蓝色轨迹线表示飞机实际飞行轨迹，红色轨迹线表示其地面投影轨迹。

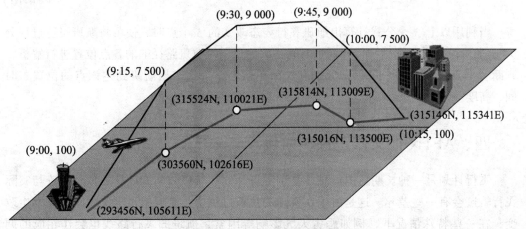

图 4-9　4D 轨迹结构示意图

由此可利用飞行计划和动力学模型计算得出各个点的高度、经纬度及时间信息。并按照航班通过的时间，依次将从起飞机场至降落机场的各点四维信息进行排序，即生成航班的初始预测飞行轨迹，并利用报文和监视信息对预测轨迹进行修正。

三、初始航迹预测

将航空器在飞行的不同阶段看作简单的质子运动，可根据运动学（动力学、航空学）计算四维轨迹。

飞行计划是指航空器飞行过程参数信息，一般包括以下信息：航班呼号、起飞机场、起飞时间、目的机场、降落时间、巡航高度、巡航速度、机型、尾流分类等。这些信息在航空器起飞前就可确定发布。

对每一个航空器，在特定的空域，有起飞的速度、起飞的高度、第一阶段爬升率及加速度，第二阶段爬升率及加速度、巡航速度、巡航高度等参数的限制。对其进行长期监测，统计出参数的经验值，并将其作为模型输入参数。

这里将动力学模型简化，仅考虑飞机脱离跑道至到达跑道的过程，并假设起飞、爬升阶段飞机做匀加速运动，在进近和降落阶段做匀减速运动，巡航阶段为匀速运动。具体方法如下。

获取航空器的飞行性能，航空器看作质点，计算四维轨迹。设经过第 i 航路段的时间为 Δt_i，ΔS 为航路段路程，v_0 为在该航路段速度，a 为加速度，则：

匀速阶段：$\Delta t_i = \dfrac{\Delta S}{v_0}$　　　　　　　　　　　　　　　　（4-8）

匀变速阶段：$\Delta t_i = \dfrac{-v_0 + \sqrt{v_0^2 + 2 \cdot a \cdot \Delta s}}{2a}$　　　　　　　　（4-9）

预计到达某固定点的时间为

$$T_n = \sum_{i=1}^{n} \Delta t_i \qquad (4\text{-}10)$$

当利用以上 3 个公式计算出航班飞行姿态改变的 5 个点时，便可将航班飞行过程分为 6 个阶段。这时利用飞行计划中的航路串信息，对航班路径上的各点位置进行解析，判断各个点分布在哪个过程，分别利用简单运动学公式求出航班到达该点的位置、时间、高度。

四、AFTN 报文修正预测航迹

飞行计划是一种长期意图信息，基于飞行计划和航班时刻表计算的预测轨迹与实际飞行轨迹会有一些差异。这是由于在实际的执行过程中，航班起飞降落时间往往发生改变，在一些特殊情况下，例如恶劣天气影响等因素，航班的飞行路线也会作相应的调整。在这种情况下，为了交换空中交通管制服务数据，国际民航组织规定了各种在航空固定电信网（AFTN，Aeronautical Fixed Telecommunication Network）中传输的航空管制相关电报的格式，这些标准电报类别的代号和名称如表 4-1 所示。

表 4-1   部分 AFTN 电报类别代号和名称

报类代号	报类名称	报类代号	报类名称
RCF	无线电通信失效报	CPL	现行飞行变更报
ALR	告警报	EST	预计飞越报
FPL	领航计划报	CDN	管制协调报
CHG	修订领航计划报	ACP	管制协调接受报
CNL	取消领航计划报	LAM	逻辑确认报
DEP	起飞报	RQP	请求飞行计划报
ARR	落地报	RQS	请求领航计划补充信息报
DLA	延误报	SPL	领航计划补充信息报

AFTN 动态电报则可以根据其接收或发送时间定义为中短期意图信息，通过实时接收、解析 AFTN 动态报文内容，提取计划变更信息，可以对已有的预测结果进行修正。

当航班还未起飞时，即可根据飞行计划，利用上节方法估算它的未来飞行轨迹，当接收了新的 AFTN 报文，即可修改估算结果。其中当航班已经起飞时，特别是航班在航路上飞行时，会依次经过航路上的固定点、导航台。当航班经过一个航路点时，会发布一个航班过点时间、位置的报文 EST。我们可以利用这个信息对航班预测轨迹进行对比，并对已起飞的航班进行未来的轨迹修正。

假设根据上节方法预测得到以下结果。

（1）在 t_j 时间航空器 p 要过 B 点。

（2）现收到 EST 报文，确认 p 已在 A 点，当前时间为 t_i。

由于 p 要过 B 点为预测轨迹，因此有约束条件： $t_j > t_i$ 。

设 $D(A,B)$ 为 A 点和 B 点之间的距离， v_{p,t_i} 为 t_i 时刻 p 的水平速率，计算时间差：

$$\Delta t = \frac{D(A,B)}{v_{p,t_i}} \tag{4-11}$$

若 $\left| t_j - t_i - \Delta t \right| \leqslant \varepsilon$ ，则认为推测时间正确，不用修正。

若 $\left| t_j - t_i - \Delta t \right| > \varepsilon$ ，则认为推测时间有误差，进行修正。

$$dt = t_j - t_i - \Delta t , \quad t_k = dt + t_k, k = j, j+1, \cdots \tag{4-12}$$

将四维轨迹中过 B 点的时间由原来的 t_j 改为 $t_j + dt$ 时，其他信息相应修正，且 B 后的点的过点时间应相应加上 dt 。未收到相关报文，则不做处理。

当收到更改报或延误报时，可重新预测航空器四维轨迹，使预测更为精确。例如飞机延误了，则预测到达各因定点、边界点、机场的时间就相应延后。反之，将航班预测时间提前。图 4-10 为修正算法的流程图。

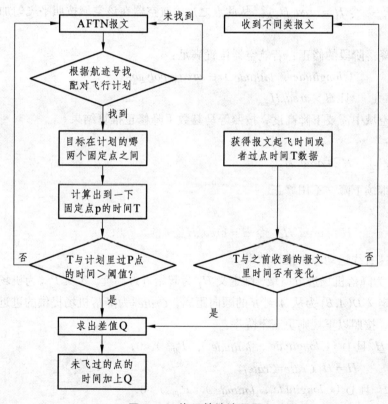

图 4-10　修正算法流程图

通过处理 AFTN 报文，得到了航空器经过各固定点的实际到达时间，同时可对该点之后的预测轨迹进行更准确的修正，因此航空器到达机场的时间也更精确，可以为管制员工作、多机场地面等待提供决策支持。

五、空域限制修正预测航迹

航空器在飞行过程中会经过一系列空域，根据《中国民用航空空中交通管理规则》（CCAR-93TM）和《民用航空使用空域办法》（CCAR-71），我国民用航空使用空域有着严格的高度限制，因此飞行高度的变化不仅仅由航空器自身的爬升、下降性能决定，还应该考虑其所在空域类型、空域内最低安全高度等限制，而根据航空动力学原理，航空器的飞行速度与高度密切相关，因此高度计算一旦有误将直接导致航空器飞行速度产生较大误差，从而影响飞行时间的推算结果。本文正是着眼于此，构造新的航空器飞行推算模型，能在满足航空器飞行性能的同时综合实时信息和空域高度限制来约束和修正航空器未来的飞行轨迹。

定义空域集合 $AREA = \{area_1, area_2, \cdots, area_m\}$：航班飞行的过程依次经过的空域，每一个区域用 $area_i$ 表示，$i \in [1, m]$；其中 $area_i = \{polygon, H_{min}, H_{max}\}$，包含两个元素，空域边界，高度下限和高度上限。

航空器爬升阶段的修正：若航空器位置（$longitude$，$latitude$）$\in area_i.polygon$ 且 $H \geq area_i.H_{max}$：令 $H = area_i.H_{max}$。从此点之后，航空器在该空域按照平飞匀加速运动修正推算结果。

航空器降落阶段的修正：若航空器位置满足：

$$（longitude，latitude）\in area_i.polygon$$
$$且 H > area_i.H_{max} \tag{4-13}$$

航空器在该空域中需要下降高度，按照等马赫数下降修正推算结果。

若满足：

$$H \geq area_i.H_{min} \tag{4-14}$$

航空器可以继续下降，不用修正。

若满足：

$$H \leq area_i.H_{min} 令 H = area_i.H_{min} \tag{4-15}$$

按照平飞匀速直线运动修正推算结果。

若 $area_i$ 为降落机场进近空域，则定义 H_L 为起始进近高度，定义 P_{APP} 为机场的起始进近定位点，定义 $D(A, B)$ 为从 A 到 B 的顺向距离，$Crate_L$ 为降落机场提供的进近方式中规定的下降率，按照以下规则更新下降率：

若 $H \leq H_L$ 且 $D（（longitude，latitude），P_{APP}）< 0$，

令 $$H = H_L \ Crate = Crate_L \tag{4-16}$$

若 $H = H_L$ 且 $D（（longitude，latitude），P_{APP}）> 0$，

令 $$Crate = 0 \tag{4-17}$$

六、监视数据修正预测航迹

若空域提供雷达管制服务，能通过雷达信息实时更新航空器的位置，由此可以利用

当前位置对预测航迹进行修正。当航班在终端区范围内飞行时，特别是起飞爬升阶段、降落下降阶段，航班并未处于航路上，因此接收不到任何过航路点的信息、报文。特别的，飞机在进近范围内飞行时，实际进港路径与标准进港程序差异很大，航班会通过机动路径调整前后机的距离，以满足起降间隔，由此可知仅靠单一的进离港程序预测航班进离港轨迹及时间是不准确的。

本节将介绍利用雷达数据对航班预测轨迹实时修正的算法，图 4-11 给出了修正算法的流程图，具体步骤如下。

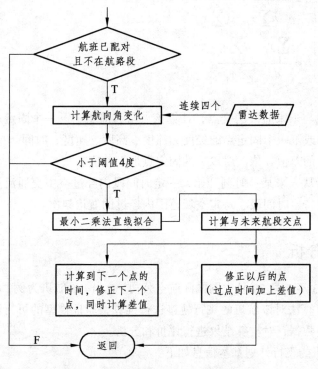

图 4-11　雷达数据修正预测轨迹流程图

（1）取该配对航班连续四个雷达数据。

（2）若其航向角度化大于经验阈值 θ，则认为航班在转弯，不修正，返回。否则转到（3）。

（3）根据这四个点，用最小二乘法拟合出一条直线。

最小二乘法拟合直线的思想：

设要拟合的点有 n 个，每一个的坐标为 (x_i, y_i)。设有一条直线 $y = ax + b$ 为拟合直线的坐标。为方便计算，设每个点到该直线的距离度量为 $\xi_i = y_i - (a \cdot x_i + b)$。

则目标函数是使每个点至直线距离之和最小，因 ξ_i 可正可负，不易度量，变目标函数为

$$F(a,b) = \sum_{i=1}^{n} \xi_i^2 = \sum_{i=1}^{n} [y_i - (a \cdot x_i + b)]^2 \qquad （4-18）$$

根据极值原理，目标函数最小为在其偏导为 0 的点，即

$$\begin{cases} \dfrac{\partial F}{\partial a} = -2\sum_{i=1}^{n} x_i [y_i - (a \cdot x_i + b)] = 0 \\[3mm] \dfrac{\partial F}{\partial b} = -2\sum_{i=1}^{n} [y_i - (a \cdot x_i + b)] = 0 \end{cases} \tag{4-19}$$

解之得

$$\begin{cases} a = \dfrac{n \cdot \sum\limits_{i=1}^{n} x_i y_i - \sum\limits_{i=1}^{n} x_i \sum\limits_{i=1}^{n} y_i}{n \sum\limits_{i=1}^{n} x_i^2 - (\sum\limits_{i=1}^{n} x_i)^2} \\[6mm] b = \dfrac{\sum\limits_{i=1}^{n} y_i}{n} - \dfrac{a \sum\limits_{i=1}^{n} x_i}{n} \end{cases} \tag{4-20}$$

即求得直线系数。

（4）判断直线与未来航段的交点，计算该点与当前点、下一个固定点的距离之和，除以当前速度，修改下一个固定点的经度、纬度、高度、速度、时间。

（5）计算修正的差值，依次对以后的固定点加上差值。

预测流量是指从未来某一时刻开始，一定时间段内经过空中交通流量管理单元的飞行器数量，也就是特定时间段、特定空域范围内经过的航班架次。

七、算例分析

本小节以 2013 年 7 月 29 日中国国际航空公司 CCA1405 航班为例，利用本文相关模型和传统轨迹推算算法对该航班的飞行轨迹进行推算，验证模型的可行性，并结合该航班飞行的实际轨迹数据，对推算结果进行评价和分析。

CCA1405 航班的飞行计划基本信息如下：

CCA1405|2013-7-29|M|ZBAA|2013-7-2907:55:00|ZUUU|2013-7-29 10:45:00|800|S0980|
ZBAA CU BJCD KR TYN YIJ OD LXZS NSH SUBUL TOREG WFX BHS ZW ZUUU
|01B738|.

国航 CCA1405 航班飞行任务执行时间为 2013 年 7 月 29 日，尾流中型，起飞机场为北京首都机场，起飞时间为当日 07:55:00，降落机场为双流机场，降落时间为当日 10:45:00，巡航速度为 800 km/h，巡航高度为 9 800 m，飞行路径为：ZBAA CU BJCD KR TYN YIJ OD LXZS NSH SUBUL TOREG WFX BHS ZW ZUUU。飞行机型为 B737。

表 4-2 给出 B737-800 型航空器的基本飞行参数。

表 4-2　B737-800 型航空器的基本飞行参数

机型	起飞后的加速度（km/h²）	降落前的加速度（km/h²）	爬升速率（m/s）	下降速率（m/s）	起飞速度（km/h）	着陆速度（km/h）
B738	2 447	−1 797	8.58	−6.34	246	246

利用第三小节的计算步骤，可计算出 CCA1405 的爬升、平飞、下降等各个飞行阶段的姿态改变点.

表 4-3　各飞行阶段信息

名称	经度	纬度	飞行时间（s）	备注
ARP	115.852 014	40.013 088	492	加速度改变点
CSSP	115.595 760	39.858 146	779	加速到巡航速度点
CASP	115.590 195	39.854 221	1 765	加速到巡航高度点
CAEP	105.420 986	31.054 508	7 449	巡航高度结束点
CSEP	105.021 330	30.862 873	8 014	巡航速度结束点

表 4-3 给出了飞行姿态改变的点，根据这五个点，可以把航空器速度、高度的变化划分为六个阶段。

表 4-4 给出了飞行过程中经过的空域及空域高度信息。

表 4-4　各空域信息

空域名称	空域高度上（m）	空域高度下（m）	进入位置经度	进入位置纬度
北京进近	600	6 000	116.596 667	40.071 667
北京区域（中低空管制区）	600	6 600	115.448 443	39.754 028
北京区域（高空管制区）	6 600	14 900	114.191 156	38.863 888
西安区域（高空管制区）	6 600	14 900	110.477 112	36.334 823
成都区域（高空管制区）	6 600	14 900	106.742 648	32.348 952
成都区域（中低空管制区）	600	6 600	106.730 496	32.341 28
成都进近	600	6 000	104.49	30.605

由表 4-4 所示，国航 CCA1405 航班在北京进近空域、北京区域的中低空扇区内完成爬升过程，进入航路以后，保持巡航高度、巡航速度飞越北京、西安、成都高空管制区，脱离航路后，进入成都区域的中低空扇区后开始下降，最后在成都进近空域完成进场着陆的过程。由此可见航空器在飞行中的不同阶段占用不同类型的空域，这些空域高度属性不同，因此要想计算航空器飞行高度变化，必须考虑空域高度限制。

表 4-5 给出利用原算法和本文模型推算出的国航 CCA1405 航班按照计划航路飞行时经过各个航路点的高度、时间信息，并给出实际飞行数据进行对比。

表 4-5　推算结果比较

航路点名称	原算法推算结果		模型推算结果		实际飞行数据	
	高度（m）	时间（s）	高度（m）	时间（s）	高度（m）	时间（s）
ZBAA	560	0	560	0	569	0
CU	3 226	242	2 700	261	2 400	238
BJCD	7 391	620	6 000	662	5 400	702

航路点名称	原算法推算结果		模型推算结果		实际飞行数据	
	高度（m）	时间（s）	高度（m）	时间（s）	高度（m）	时间（s）
KR	9 800	1 427	6 600	1 470	7 200	1 485
TYN	9 800	2 746	9 800	2 821	9 800	2 849
YIJ	9 800	5 077	9 800	5 187	9 800	5 239
OD	9 800	5 581	9 800	5 702	9 800	5 759
LXZS	9 800	5 821	9 800	5 943	9 800	6 002
NSH	9 800	6 460	9 800	6 603	9 800	6 669
SUBUL	9 800	7 519	9 800	7 671	9 200	7 748
TOREG	9 800	8 224	6 600	8 544	7 200	8 629
WFX	6 223	9 243	4 500	9 732	4 200	9 927
BHS	3 379	9 482	2 700	10 035	3 000	10 286
ZW	1 466	9 775	1 200	10 371	900	10 630
ZUUU	618	9 905	618	10 518	618	10 834
与实际数据相比标准差	963.057 8	326.812 8	358.576 7	104.395 9	—	

　　飞行计划中的航路点共 15 个，CU、BJCD、BHS、WFX、ZW 为起降机场进近空域内的导航台，表示航空器离场、进场的路径。从 KR 点开始，航班进入东西向主航路 G212 飞行，在 TOREG 点离开航路。原算法仅考虑飞行性能进行推算，航空器爬升过程短，到达 BJCD 时仅用时 620 s，高度达到 7 391 m，而本文模型考虑了空域高度限制，BJCD 点为首都机场空中走廊的出口，在离开此点前都由北京进近管制，进近空域高度上限为 6 000 m，航空器不能做连续爬升，爬升过程延长，飞行速度也会减小，推算得出到达走廊口 BJCD 点的用时为 662 s。实际飞行中，北京进近与区域协议管制移交高度为 5 400 m，因此航空器到达 BJCD 为 5 400 m，且用时更长为 702 s。与实际数据相比，本文模型结果更准确。在下降阶段，原算法在航空器过 TOREG 点以后才开始下降，并以最大下降率下降至机场跑道。本文算法考虑航空器离开航路后将进入中低空管制区，因此提前开始下降，使航空器到达 TOREG 时下降至所在空域的下限值 6 600 m，因此到达 WFX 后高度下降至 4 500 m，满足进近空域的高度限制。而实际飞行数据中，航空器在 TOREG 点达到 7 200 m，在 WFX 到达 4 200 m，与本文算法推算过程相符。将两种推算结果与实际数据比较并计算标准差，本文模型推算的高度、时间标准差和原算法相比减少 62.77% 和 68.06%，由此说明本文模型综合考虑航空器飞行性能和空域高度限制，更贴近实际飞行过程，推算结果更准确。

　　图 4-12 给出了表 4-5 三组数据各航路点飞行高度、各个航路段飞行时间的对比图。由图 4-12（a）可以明显看出，原算法中航空器爬升、下降阶段均以固定的上升率、下降率推算高度变化，而本文模型考虑了爬升、下降过程中经过不同的空域的高度限制，采

取了分阶段型的爬升、下降方式，爬升过程平缓，且脱离航路前就提前下降，因此本文模型与实际飞行高度变化趋势更相符。由图 4-12（b）明显看出，当航空器起止至脱离航路前，三组曲线的差异很小，各航段飞行时间基本重合，说明此时飞行高度差异导致的飞行速度差异很小。当数据到达 NSH→SUBUL 航段后，曲线会产生不同分支。其中，实际飞行时间最长，本文模型推算结果次之，原算法推算值最小。这是由于本文模型和实际飞行中航空器提前下降高度，速度随之减少，因此飞行时间增长。进场航空器按照 WFX→BHS→ZW→ZUUU 路径着陆的实际飞行时间为 907 s，本文模型推算为 786 s。而原算法仅为 662 s，与实际飞行轨迹差异较大。

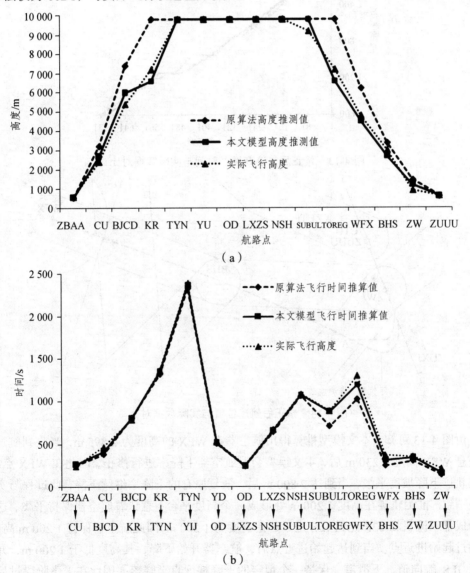

图 4-12　航路点飞行高度（a）、航路段飞行时间（b）对比

下面利用第二章第三节的基于实时监视信息修正的方法对以上推算结果进行修正，

采用国航 CCA1405 航班预计达到 WFX 点的监视信息对预计过点时间、高度进行修正，根据航管雷达显示 CCA1405 航班到达 WFX 点（104.4975，30.6035）高度 3 230 m，磁航向 238，地速 548 km/h。利用此位置信息修正航空器推算轨迹，图 4-13 给出从 WFX 至接地的时间、高度的实际值和推算值。

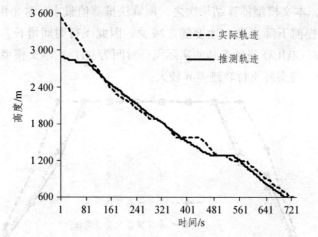

图 4-13　修正后轨迹高度、时间与实际数据对比

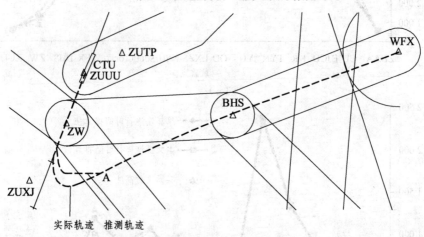

图 4-14　修正后轨迹位置与实际数据对比

　　由图 4-13 可知，本文模型推算得出航空器在 WFX 的高度为 2 895 m，当收到航管雷达信息 WFX 高度 3 230 m 后，本文模型会对航空器下降率进行修正，因此在 WFX 点后，推测轨迹下降坡度平缓，当到达 2 800 m 后，恢复原有的下降率继续下降，此过程与实际轨迹一致。推测轨迹在高度 1 200 m 处形成一个高度平台，意味着航空器保持平飞，这是因为成都双流机场 02R 跑道 ILS 进近起始高度为 1 200 m，因此航空器保持 1 200 m 高度，直到过起始进近点。当到达起始进近点后，航空器开始下降，其高度低于 1 200 m，并已截获 ILS 航向道、下滑道，保持一个恒定的下降梯度直至降落。因此在平飞阶段过后，推测轨迹与实际轨迹下降梯度一致。由此说明本文模型的修正方法不仅仅更新当前位置、高度信息，还能修正上升率、下降率参数，使推算结果更接近实际飞行，并且符合实际

飞行原则。

图 4-14 给出从 WFX 开始到 ZUUU 结束的航空器降落实际雷达数据、推测点迹的对比。其中推测点迹与雷达数据周期一致，均为 4 s 一个位置点。由图 4-14 可知，从 WFX 开始，航空器保持以一定的航向飞行，实际轨迹与推测轨迹位置一致，当到达 A 点，轨迹出现差异，推测轨迹按照标准进场程序，航空器右转，航向 270，向 02R 跑道五边切入，对照图 4-13，此时正是保持高度 1 200 m 的平飞阶段。而实际雷达数据显示，航空器达到 A 点后继续保持航向，在较远处切入 02R 跑道五边，这个过程是为了与前机保持间隔而做出的延长三边的机动飞行。切入五边之后，推测轨迹与实际轨迹一致，沿五边下降直至降落。

第五节　基于 4DT 的流量预测方法

预测流量是指从未来某一时刻开始，一定时间段内经过空中交通流量管理单元的飞行器数量，也就是特定时间段、特定空域范围内经过的航班架次。

本章第四节描述了航班未来轨迹的计算方法，本节利用预测出的 4DT 轨迹，判断航班未来某个时间段内与空域的位置关系，得到空域的预测流量。与流量统计方法相同，针对不同空域结构给出不同的流量预测算法。本节分别选取区域、航路段、固定点三种不同类型的空域单元来描述面、线、点三类空域范围的预测流量计算方法。

一、点空域流量预测

点空域包括航路点、导航台、走廊口以及其他重要监视点。对于固定点的流量，就是在一定时间段内，经过该固定点的航空器数量。这需要基于四维轨迹推算模型计算出航空器经过该航路点的时间，详细步骤见本章第一节的二小节。

点空域流量的算法是：遍历每一架航班，并判断是否经过该固定点。如果经过，判断过点时间是否在该时间段之内，如果是，则该航班为固定点的有效流量，空域在该时间段内的预测流量计数加 1。累加结果为该固定点的流量，如图 4-15 所示。

二、线空域流量预测

线空域一般指航路。航路是为保障航空运输飞行而设的具有一定宽度的空中通道。它以地面导航设施之间的连线为中间线，宽度一般为中间线两侧各 10 km。本小节中描述的航路段是指整条航路或者航路中的一部分。航路段由若干航路点相连构成，如图 4-16 所示。

其中 A、B、C、D、E 分别为航路点，L1、L2 为航路。其中 A、B、C 属于航路 L1；D、B、E 属于航路 L2。

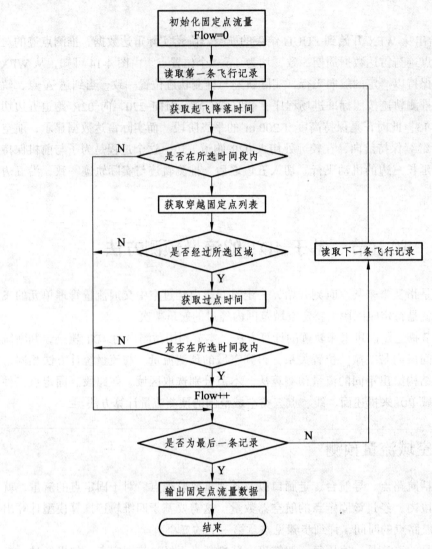

图 4-15　固定点流量计算流程程图

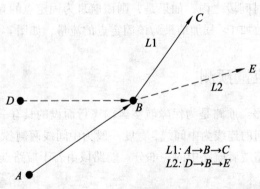

*L*1: *A*→*B*→*C*
*L*2: *D*→*B*→*E*

图 4-16　航路结构图

由于航班飞行不一定经过整条航路，例如一架航班从 *A* 途经 *B* 飞往 *E*，在这个过程中，航班飞行经过 L1 的 AB 段、L2 的 BE 段。航班进入、离开 L1 的时间，并不是飞过航路点 A、C 的时间，且航班不会经过 C。所以，在计算航路流量时，以整条航路为研究对象并不符合实际管制的需要，因此需要将航路划分成若不可再分割的航路段，我们将其称为最小航路段，并计算最小航路段的流量。

航路段流量计算的思路是先将整条航路段划分成最小航路段的组合，然后遍历每架航班，若某航班在某个时间段内经过了该航路段，那么将其视为航路段的有效流量，该时段的流量计数加 1。

图 4-17 给出了航班与航路段的预测位置关系示意图，5 架航班以阿拉伯数字标识，并给出未来飞行轨迹（飞机头部射线），及在预测时间范围 $[t1, t2]$ 的位置。若要判断航路段 AB 在 $[t1, t2]$ 的流量，仅根据位置判断方法，流量为 3，即除了航班 2 一直未进入航路段，其他均属于预测流量。但根据未来轨迹可知，航班 4、5 并不是沿着航路段 AB 飞行的，而是在飞行过程中穿越了 AB 航路段，将航班 4、5 也算入预测流量显然是不合理的。

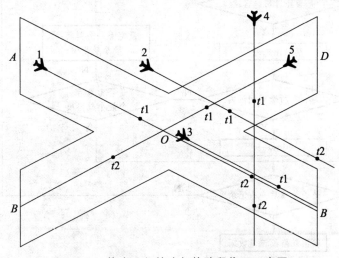

图 4-17　航班飞行轨迹与航路段位置示意图

因此这里给出了利用未来轨迹中的过点信息，判断航班是否在航路上的方法，计算流程图如 4-18 所示。即利用第四章第二节二小节中的方法，来判断航班是否经过该航路段上的起止点。若经过了起止点，则认为飞行轨迹与航路位置一致，计为航路上的有效流量，通过这种方法即可排除航班 4、5 情况引起的误差。

三、面空域流量预测

面空域流量是指在给定时间段内，通过指定空域的航空器数量。

判断一架航班是否进入区域以及计算穿越空域的进出点的时间，现已成为空域流量计算的关键。航班穿越空域分为三种情况，如图 4-19 所示。

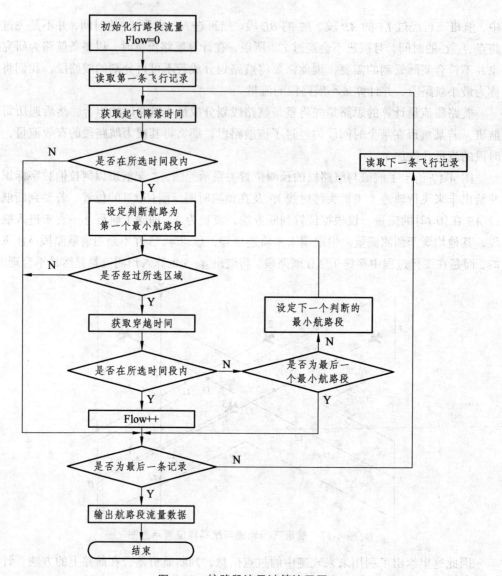

图 4-18 航路段流量计算流程图

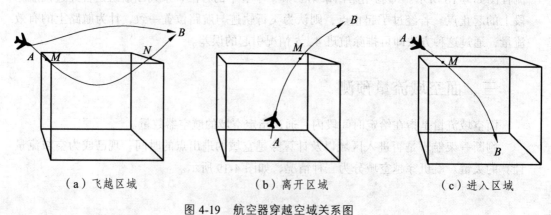

（a）飞越区域   （b）离开区域   （c）进入区域

图 4-19 航空器穿越空域关系图

图 4-19（a）中，航班的飞行轨迹完整地穿越区域，表示航班飞越区域，其中一种情况为航班进入了空域，随后离开，产生了入界点 M 和出界点 N。

图 4-19（b）中，航班的飞行轨迹从区域开始，从 M 点离开空域，可理解为 A 为起飞机场，航班从区域内起飞。

图 4-19（c）中，航班的飞行轨迹在区域内结束，从 M 点进入区域，可理解 B 为降落机场，航班在区域内降落。

通过判断以上三种情况，求出在预测时间范围内各个航班与监视空域的位置关系，确定空域内经过的航班集合。由于空域均有边界点位置和高度限制，因此可以根据航班飞行轨迹推算得到航班在飞行过程中穿越各个空域的事件列表，即算出每一架航班在其飞行过程中所有的空域穿越点，包括位置、时间和性质。其中，性质表示该点是入界点还是出界点。这样在判断航班预测位置时仅需要查看航班穿越列表，即可知道航班何时进入空域、何时离开空域、飞行性质如何等重要信息。

穿越事件列表的计算方法：首先判断航班飞行过程中经过的相邻两个固定点分别属于哪个空域，如果属于不同区域，则产生两个事件，即离开一个空域和进入一个空域。拿图（a）中的情况来举例，A，B 两点分别属于不同空域，在 AB 航段中就会产生"离开 A 所属区域"和"进入 B 所属区域"这样两个事件。在图 4-19（b）和图 4-19（c）所示的两种情况中，直接将 A 起飞和 B 降落作为进入和离开该空域的第一个或最后一个穿越事件。

面空域流量预测算法：由于空域位置固定，所以在为每架航班推算四维轨迹的同时，就可以产生一个该航班的飞行事件列表，目的就是为了求出每一架航班在飞行过程中所有的穿越事件，包括产生事件的位置和时间。这样在计算空域流量时就可以直接从航班的飞行事件列表中获取穿越时间信息。其中固定点所属空域信息、空域多边形边界点地理信息均可从数据库中得到。

面空域流量计算的思路是遍历每一架航班，判断航班是否存在对该空域的穿越事件。对空域 $area_j$ 在 $[T_{start}, T_{end}]$ 时间段内的流量预测步骤为以下几个。

步骤 1：遍历航班集合，搜索航班的穿越列表，是否存在航班 f_i 对空域 $area_j$ 有穿越事件；若确认航班 f_i 有对空域 $area_j$ 的穿越事件，转步骤 2。

步骤 2：判断航班 f_i 有对空域 $area_j$ 的穿越事件的进出空域时间：$Event_{i,j}.t_{in}$，$Event_{i,j}.t_{out}$ 是否满足以下条件。

$$\begin{cases} Event_{i,j}.t_{in} > T_{end} \\ Event_{i,j}.t_{out} < T_{start} \end{cases} \tag{4-21}$$

若满足（4-21）任一公式，则认为该航班虽然穿越了空域但发生在预测范围之外，因此不属于该空域在 $[T_{start}, T_{end}]$ 时间段内的预测流量。否则转步骤 3。

步骤 3：该航班算入空域 $area_j$ 的预测流量中。继续遍历航班集合。

面空域流量计算的算法流程如图 4-20 所示。

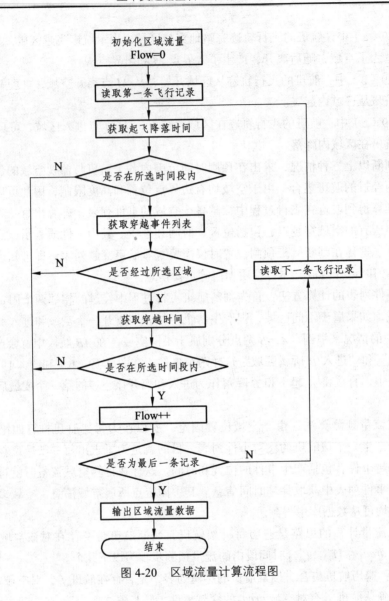

图 4-20　区域流量计算流程图

第六节　空中交通流量统计预测系统应用

　　系统应能给出全国范围内的实时流量监视数据、未来流量预测数据、历史流量统计数据、监视告警数据、未来预警数据、历史告警数据、监视延误架次、预测延误架次、历史延误架次等，并在一个实时更新的柱形图中综合显示以上信息。

　　全国流量统计预测如图 4-21 所示，图中实时监测数据为红色，历史统计数据为粉色，未来预测数据为深红色。分别用柱形图显示当天 24 h 内，每 15 min 的流量、延误、告警的统计预测情况。该图表的数据刷新周期为 1 min。

　　流量预测监视列表中可添加需要监视的空域单元，可以添加的空域单元包括：各大飞行情报区、机场、航路、航线、民航机场进近、扇区、塔台、固定点、导航台等。将空域单元加入手动监视列表，可显示该空域实时流量、半个小时以后的预测流量、容量、告警情况，如有告警，将提示告警时间和原因。并显示出告警级别。在飞行态势图上，监视列表中的各个空域单元以告警的颜色突出显示。

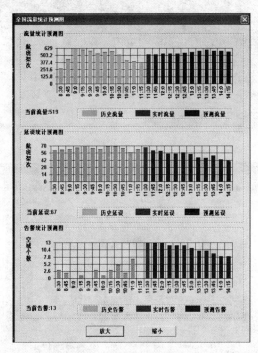

图 4-21　全国流量统计预测图

时间线图可显示某空域从当前时间开始，4 h 内的流量、容量、告警变化。以时间片的方式显示每 30 分钟的预测结果，选择其中一个时间片，给出该时间片内飞越改空域的航班标识，航班当前是否起飞，位于边界时间，调配建议，如图 4-22 所示。

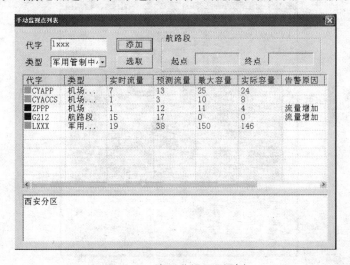

图 4-22　流量监视预测列表

　　时间线图可显示某空域从当前时间开始，4 h 内的流量、容量、告警变化。以条形方式显示每 30 min 的预测结果，可得到流量与容量的变化趋势，并给出起飞航班和未起飞航班的组成比例，如图 4-23、图 4-24、图 4-25 所示。

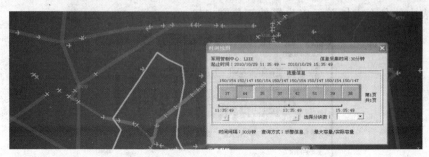

图 4-23　时间线图

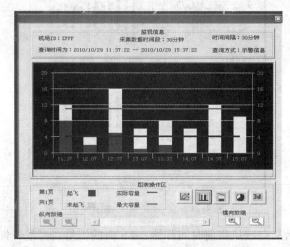

图 4-24　条形图

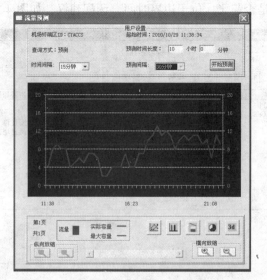

图 4-25　流量预测图

通过图 4-26 的甘特图可给出从当前时间开始,4 h 之内,进出该空域单元的航班列表,给出各个航班在该空域内停留的时间。给出 4 h 内,流量总架次、峰值和每 30 min 的流量预测值。

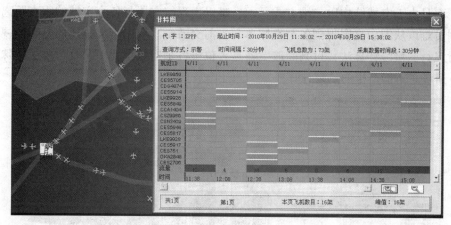

图 4-26 甘特图

系统实时预测流量变化,产生分级告警:流量预饱和黄色警告、流量饱和橙色警告、流量超饱和红色警告、容量减少蓝色警告。采用多种形式产生告警提示:主动监视列表显示告警空域名称、容量变化、预测流量、当前流量、告警时间、告警原因、告警级别。滚动字幕会显示告警的详细信息并实时更新。飞行态势图中,产生告警的空域将产生半透明闪烁,闪烁颜色与告警级别一致,如图 4-27 所示。

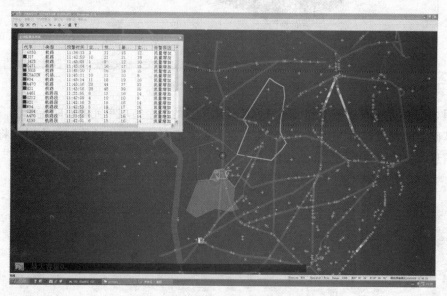

图 4-27 主动告警窗口

图 4-28 中深灰色多边形空域为某管制扇区,西侧为一扇(SEC1),东侧为二扇(SEC2),两个扇区的管制高度范围均在 6 000 m 以上,位于一扇内的浅灰色多边形空域为呼和浩特机场进近管制空域,是高度为 6 000 m 以下的 C 类空域。扇区与进近为面空域。图中的

三角符号标识的是点空域，例如导航台和固定点。白色粗线段为航路段，即线空域。

　　图 4-28 给出了某日某时刻呼和浩特管制空域范围内航空器实时位置，位置信息来源于航管二次雷达融合后的系统航迹。由图 4-28 可知，航空器的实时位置在图上显示较为分散，而且由于空域结构以二维方式显示，难以表现航空器与各个空域的垂直距离，因此管制员难以从图中直观得到各个空域单元当前交通量。利用本文描述的基于监视数据的实时飞行流量统计算法，可判断航空器是否位于各个空域单元中，且考虑了特殊的位置点，避免了可能产生的重复计算。

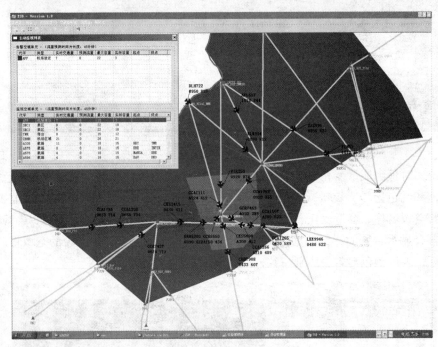

图 4-28　实时流量统计算例

　　图 4-28 的左上角显示了利用本章算法计算得到的各个空域单元的实时流量值。而且在此基础上配置了辅助告警功能，当实时交通量大于空域能提供的管制能力时，将给出告警信息，协助管制单位发布流控信息。

第五章 离场流量管理策略

终端区出港流量管理主要涉及飞行计划制订、航空器放行、起飞管制和离场飞行等阶段。其中航空器放行、起飞管制过程属于机场场面流量管制范畴，出港流量拥挤在此阶段并不多见，因此它虽然是出港流量管理的主要组成部分，但不是核心内容。在我国的空中交通管理中，航班起飞时隙的划分、航班在起飞机场的延误时间优化才是出港流量管理的重点内容。本章将介绍离场流量管理的基本概念，地面等待措施的优化实施方法，及国内外地面等待、优化放行经典模型。

第一节 离场流量管理概述

一、离场流量管理概念

随着空中交通的发展，各个资源的分配变得不合理，资源利用趋于过饱和，空中拥挤频繁出现。空中交通拥挤会造成大量航空器无法按时降落，只能在航路上或者在机场上空盘旋等待。航班飞行过程中的空中等待在日常飞行中是经常发生的，如某航班按预定的起飞时间从起飞机场起飞，假若空中交通流量没有进行有效的管理，造成在某些空域或机场因飞机过多而形成"流量拥挤"，但是该航班正要途经这些"拥挤"空域或者机场，因而不得不以空中盘旋的方式等待一段时间，这一过程将造成航班延误和大量燃油被消耗，并影响飞行安全。如果在起飞机场让该航班在地面等待一段时间起飞，避开流量高峰，使得航班在起飞之后不会遇到"拥挤"从而减少或者消除空中等待，这种用地面等待来代替空中等待的空中交通流量管制策略就是 GDP（Ground Delay Program）地面等待策略。

GDP 实施的实质就是让航班不按原有时隙起飞，而是延迟起飞，以避开空中交通拥挤时段，将空中等待转化为地面等待。当出现容量受限元容量降低事件（如恶劣天气等），航班的延迟已经无法避免，为了尽量减少航班的空中等待时间，当航班提出离场申请后，为了满足目的机场的接受容量，GDP 可以为航空器分配一个新的离场时刻。GDP 多用于空中交通流量管理的战术流量管理时期，是协同决策支持系统的重要组成部分。GDP 的计算结果也是战略时期和预战术时期优化航班时刻表、进行流量短期预测的有效根据。在多种短期流量管理措施方法中，GDP 是在实际空中交通流量管理中最有效，最常采用的方法。

二、出发流流量管理分类

根据研究对象、采用的方法、考虑问题的角度、系统驱动模式的不同，地面等待策略可以划分为如下四类。

（1）根据决策制定时间的早晚，地面等待策略分为静态和动态两个类型。所谓静态，是指在每次求解模型前所有的决策都是提前做好的，比如每段时间（一般是一天）内的计划到场航班数、所有航班在起飞和降落机场之间的飞行时间等都是已知和给定的，而动态则是指相关决策是不断更新的。

（2）根据机场容量是否已知确定，地面等待策略可分为确定型和随机型。在地面等待策略研究中，空中交通的操作请求和机场容量之间的矛盾是问题的关键所在。其中操作请求由各个航班所确定，所以通常是可以预测的。而机场容量，由于天气等客观不确定因素，却是变化迅速不易预测和确定的。

（3）根据对象机场的多少，我们可以将地面等待策略分为单机场地面等待问题（SGHP）和多机场地面等待问题（MGHP）。单机场地面等待问题考虑的对象仅仅是目标机场，但整个问题的处理过程肯定至少要涉及两个机场。地面等待策略的研究初期，研究对象几乎都是单机场，而关于单机场地面等待问题的研究，我们往往忽略了模型的网络或回路效应，所以多机场地面等待问题随即产生。

（4）根据系统驱动模式的不同，地面等待问题可分为时间驱动型和事件驱动型。所谓时间驱动型是指：将所研究的时间段等分为多个小的时间区间，然后分别在这些区间上研究分析航班的地面等待情况，大多数线性规划和动态规划都采用这种时间驱动模式。事件驱动型是指：将所研究系统看作是一个离散事件动态系统（DEDS），把航班的起飞、到场和着陆视为输入事件，相应的时刻作为系统的服务时间。

三、出发流流量管理研究发展

国外关于出港流量管理的研究自八十年代中期以来非常活跃，在理论和实际应用方面取得了重要成果。

进入 20 世纪 90 年代以来，美国和欧洲根据本国、本地区的特点，利用先进、科学的流量管理方法，陆续建立了各自的流量管理中心，这不仅对空中交通流量的协调、控制和管理起到了重要作用，而且还大大提高了空域利用率，减轻了管制员负担，加速了空中交通流量，增加了飞行安全水平。

1990 年，Terrab 和 Odoni 完整地对单机场地面等待策略问题进行了研究，提出了一种效率更高的算法。

1992 年 Peter B. Varanas 和 Odoni 等人论述了多机场地面等待策略问题。

1993 年，Richetta 针对静态确定型地面等待策略研究了随机线性规划解决方法。

1994 年，Varanas 等人研究了地面等待策略的实时性问题和多机场受限的地面等待策略问题。在理论研究的基础上，美国已经把地面等待策略应用于实际的空中交通流量管理，并取得了很好的效果。Bersimas 等用 0-1 整数规划方法研究了确定型多机场 GDP，同时还考虑了航路空域的容量限制问题。

1995 年，Dimitris Bertsimas 和 Sarah Stock Patterson 又把受限元扩展到了航路上，使这个理论更趋完善，美国麻省理工学院的 Sarah Stock Patterson 研究了空中交通流量管理中的改航问题，并提出了他用于解决此问题的拉格朗日生成算法（Lagrangian Generation Algorithm）。

1997 年，Eugene P.Gilbo 首次同时考虑了起飞和降落容量相互影响的 GDP 问题，并提出了机场的起飞/降落容量曲线，并对 Logon 机场进行了仿真研究。

2000 年，Giovanni Andreatta 等人考虑了"自由航班"，提出了一种实时性更好的整数线性规划模型。

2001 年，Thomas Vossen 等提出了一种优化-协调-交换的 GDP 算法，算法基于协同决策机制，描述了如何分配时隙、交换时隙使 GDP 执行结果更优。

2003 年，Michael O.Ball 等提出了一种基于距离的 GDP 算法，算法在执行时只考虑起飞机场到目的机场的距离不超过某一"距离值"的航班，并讨论了"距离值"参数的设置。但国外这些研究和成果并未形成空中交通流量管理的统一模式，也不一定完全适合我国的实际情况，因而有其一定的局限性。

国内关于空中交通流量问题的研究起步较晚，近几年来随着空中交通流量的急剧增加，流量问题显得异常突出，引起了国内空管部门和民航院所的极大重视，开展了一系列研究工作。

1995 年，国内的胡明华和陈爱民开始了对单机场地面等待问题模型的研究，提出了确定性容量和随机性容量两种情况的数学模型、算法和仿真结果。给出了确定性多元受限地面等待策略问题的数学模型，并提出了一个以人工智能方法为基础的算法，初步探讨了随机性多元受限地面等待策略问题。结合我国广州区域的流量管理现状，以确定性多元受限地面等待策略为基础，开发出一套适用于广州区域的流量管理系统软件。

1997 年，胡明华、钱爱东基于多机场地面等待理论研究了多机场受限的地面等待策略模型和方法。给出了确定性多机场地面等待策略问题的整数规划数学模型，提出了一种启发式算法。

1999 年，李丹阳等人为解决单机场地面等待问题，分别提出了对相互独立和相互关联降落/起飞的简单和复杂动态规划模型和算法。

2000 年，胡明华、朱晶波在确定性多机场地面等待问题的基础上研究了航班时刻优化的理论方法，建立了多元受限航班时刻优化模型，提出了相应的"前推/后推"启发式算法。

2002 年，罗喜伶对单跑道地面等待数学模型提出了基于离散事件系统的确定性模型和随机性模型，研究了跑道降落服务时间参数以及空中等待和地面等待费用比参数的特性。张新军等人以机场、航路管制区作为飞行流量限制节点，建立了基于地面等待的流量管理整数规划模型。

2004 年，罗喜伶提出了基于离散事件系统的起降容量受限的地面等待随机数学模型，模型中考虑了多跑道、连程航班等因素。李树波等人针对单机场地面等待问题采用线性规划方法的不足，将其与排队方法相结合，达到平滑交通流量的目的。

2006 年，王莉莉等人对单机场地面等待模型采用了遗传算法求解。

第二节　整数规划地面等待数学模型

实际中很多问题的优化是用线性规划解决的，通过建立线性规划的数学模型，求其非负最优解即可达到优化的目的。在空中交通流量管制系统中，采用地面等待策略来减少空中等待时间，增加地面等待时间，即平衡两种等待方式，以最优化的措式来安排航空器的起飞降落时间，可到最安全、最经济的效果。因此在建立地面等待数学模型时，线性规划是十分适合的。

整数规划（Interger Programming）是线性规划的一种，即最优解必须是整数。在地面等待模型涉及变量，如单位时间片长度、总时间段内时间片个数、降落起飞时间片的系数、容量受限元的容量大小、在某个时间片内可服务的航空器架次等都是整数，因此可用全整数规划（All Interger Programming）建立地面等待数学模型，并利用数学模型求得最优解。

可将地面等待时间定义为某航空器的预计起飞时刻与实际起飞时刻的差值。对地面等待策略建模的目的在于：通过优化航空器序列的预计降落时间，以达到整个航空器序列的空中等待耗损和地面等待耗损之和达到最小，并推算这些航空器的最优起飞时间，即确定该航空器序列的最小地面等待时间，如图 5-1 所示。

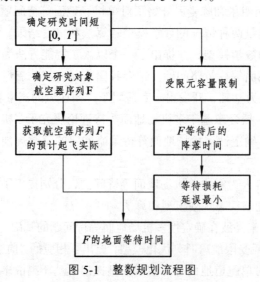

图 5-1　整数规划流程图

由此，在一个时间段内以经过一个或者多个容量受限元的一系列航空器作为研究对象，使用整数规划建立一个目标函数，使研究对象在研究时间段内的空中等待耗损和地面等待耗损总和最小，并且根据模型设计的复杂度，建立约束公式，使得优化结果符合容量需求和实际意义。

一、单机场地面等待模型

单机场受限地面等待策略问题（Single Airport Ground Holding Strategy Problem，SAGHSP）是最基本的一种模式，即对于指定目的机场，在一个空域中，仅有一个机场发生"拥挤"，而且它只与在这个机场内起飞降落的航班有关。在满足目的机场容量限制的条件下，求出每个航班的最优地面等待时间，使得由此造成的总地面等待损失最小。按照容量是确定的还是随机的，可分为确定型和随机型两种情况。尽管单机场地面等待策略问题与实际情况差别较大，但是它是等待策略发展的基础，我们在这里对容量确定型的单机场问题数学模型作简单的介绍。

（一）问题的提出

对于起飞机场是 X，降落机场为 Z 的航班 f_i，假设起飞机场 X 的容量是没有限制的，而只考虑降落机场 Z 的容量限制。如果航班 f_i 在机场 Z 降落后，经过一段机场服务时间后，又会以机场 Z 为起飞机场，飞向机场 Y，假设航班 f_i 在机场 X 执行的地面等待时间不会超过这个机场服务时间，并且机场 Y 也没有容量的限制，可认为航班 f_i 不存在连续飞行限制。即在空域网络中，有且仅有降落机场作为航班 f_i 的容量受限节点。由此进行如下定义：

（1）在时间间隔 $[0, T]$ 内，有且只有降落机场 Z 会由于预计到达流量与机场容量不匹配造成拥挤，即机场 Z 的容量是整个空中交通网络的唯一受限元。

（2）将时间间隔 $[0, T]$ 等分成 m 个时间段 T_1，T_2，$\cdots$，T_m，对于确定型情况，对应于 T_i（$i = 1, 2, \cdots, m$），机场 Z 的容量为一确定值。

（3）已知有 N 架航班 f_1，f_2，$\cdots\cdots$，f_N 会在 $[0, T]$ 时间内到达机场 Z。而且 N 小于整个时间区间内机场 Z 的容量总和（为了确保应用地面等待策略能得到最优解），$\exists T_i$（$i=1, 2, \cdots, m$），在 T_i 内，降落在机场 Z 的航班数目大于该时刻的 Z 的容量。

基于以上的定义，单机场受限地面等待策略问题可以这样描述：对于指定目的机场，在满足目的机场容量限制的条件下，求出每个航班的最优地面等待时间，使得由此造成的总地面等待损失最小。

（二）模型构造

将某个时间间隔 $[0, T]$ 等分为 m 个时间段 T_1，T_2，$\cdots$，T_m，本小节建立确定型模型，即目的机场 Z 的容量值为确定值，分别为 K_1，K_2，$\cdots$，K_m。有 N 个航班 f_1，f_2，$\cdots$，f_N

将在时间段$[0,T]$内降落在目的机场 Z，且各航班在空中飞行的时间为固定值。航班f_i（$i=1$，2，$\cdots$，N）的计划降落时间为m_i（$m_i=T_1$，T_2，$\cdots$，T_m），但是由于在m_i时刻，降落于机场 Z 的飞机总数已经超过了当时的容量值，因此必须对f_i采用地面等待策略，以使f_i在起飞机场地面等待一段时间才能起飞，以满足飞机延后到达目的机场的目标。

假设实际着陆时间为m_{pi}，航班f_i在起飞机场地面等待时间为$m_{pi}-m_i$。f_i等待损失为$c_i^g(m_{pi}-m_i)$。其中c_i^g是航班 f_i 单位地面等待损失系数。计算目标就是通过对航班序列f_i（$i=1$，2，$\cdots$，N）执行一系列的地面等待策略，使得由于延迟造成的经济损失最小。

因此我们可以把目标函数描述为：

$$\min \sum_{i=1}^{N} c_i^g (m_{pi} - m_i) \tag{5-1}$$

为了把确定型单机场受限地面等待策略用数学规划模型表示出来，引入如下变量：

决策变量x_{ij}（$i=1$，$2\cdots$，N且$j=1$，2，$\cdots$，m）为 0-1 函数，定义为：

$$\text{航班}f_i\text{在时间段}T_j\text{内降落，则 }x_{ij}=1，$$
$$\text{反之，}x_{ij}=0。 \tag{5-2}$$

地面等待损失系数c_{ij}（$i=1$，2，$\cdots$，N且$j=1$，2，$\cdots$，m），如果航班f_i在时间段 T_j 内降落，其延迟成本为：

$$c_{ij} = c_i^g (j - m_i) \tag{5-3}$$

确定型单机场地面等待策略的数学模型目标函数如下：

$$\min \sum_{i=1}^{N} \sum_{j=m_i}^{m+1} c_{ij} x_{ij} \tag{5-4}$$

约束条件：

$$\sum_{j=1}^{m_i-1} x_{ij} = 0 \ \forall i \in \{1,2,\cdots,N\} \tag{5-5}$$

$$\sum_{j=m_i}^{m+1} x_{ij} = 1 \ \forall i \in \{1,2,\cdots,N\} \tag{5-6}$$

$$\sum_{i=1}^{N} x_{ij} \leqslant k_j \ \forall j \in \{1,2,\cdots,m\} \tag{5-7}$$

$$x_{ij} \in \{0,1\} \tag{5-8}$$

其中式（5-4）为成本函数表达式。约束函数（5-5）（5-6）是为了保证每次航班都有唯一的降落时间，其中函数（5-5）表示航班不可能在它的计划降落时间以前到达目的机场；约束函数（5-7）是目的机场的容量限制约束；约束函数（5-8）是整数约束，表示航班只有未降落和已降落两种状态。

二、多机场地面等待模型

多机场地面等待策略问题（MAGHP）是单机场地面等待策略（SAGHP）的扩展。在上一小节，我们假设在整个机场网络中，只有一个机场会发生拥挤现象，从而造成航班的延误。而且地面等待策略不会对其他航班产生影响。事实上，在整个机场网络中，发生拥挤的机场不可能只有一个，而且这些发生拥挤的机场往往是存在着一定的联系的。这种联系是通过航空器的连续飞行任务来体现的。由此航班的延迟会对其续程航班产生影响，可能会造成其续程航班的延迟。因此，当利用地面等待解决一个机场的拥挤问题时，同时也可能会造成其他机场产生新的拥挤问题。

单机场地面等待策略数学模型显然不能解决这种问题，一个多机场系统不可能看作是单机场地面等待的简单累加，单机场的理论无法简单地应用到多机场问题中。

国内外都有大量人员进行关于多机场地面等待策略的研究，产生了较多的研究成果，可归纳成三种最具代表性的模型。

VBO 模型：由 Vranas，Bertsimas & Odoni 提出的经典模型。该模型假定起飞机场容量和降落机场容量不足均会引起拥挤。

AT 模型：由 Andreatta & Brunetta 提出的经典模型。该模型只考虑因降落机场容量不足而引起的拥挤，起飞机场容量为无限大。

BS 模型：由 Bertsimas & Stock 提出的经典模型。该模型假定起飞机场与降落机场容量不足均会引起拥挤。

其他相关模型都可以看成是他们的衍生变形。这些模型共同的特点为：假定航空器网络中只有机场是容量约束节点，而且各约束节点的容量都是确定型的。

（一）VBO 数学模型

目标函数是使得由于延迟造成的总的经济损失最小。其约束方程可以归纳为：

容量约束，限定给定机场、给定时间内的最大起落飞机数。

航班到达约束，在一个给定的时间窗口内，每个航班都能够分配一个降落时间。

联系约束，对于有连续飞行任务的航空器，其后续航班的起飞时间应当大于其前一次航班的降落时间和两次航班任务之间的最小机场服务时间之和。

整数约束：确保航班只有降落和非降落两种状态。

BO 模型描述如下：

目标函数：

$$\min \sum_{f \in F} c_f \left[\sum_{t \in T_f} t x_{ft} - r_f \right] \tag{5-9}$$

约束条件：

$$\sum_{f \in F(z,t)} x_{ft} \leqslant K(z,t) \qquad z \in Z; \ t \in T \tag{5-10}$$

$$\sum_{t \in T_f} x_{ft} = 1 \quad f \in F \tag{5-11}$$

$$\sum_{t \in T_f} t x_{f_1 t} - r_{f_1} - s_{f_1 f_2} \leqslant \sum_{t \in T_f} t x_{f_2 t} - r_{f_2} \tag{5-12}$$

$$x_{ft} \in \{0,1\} \tag{5-13}$$

以上公式中，$F(z)$表示在机场z降落的航班序列；$K(z,t)$表示在t时刻，机场z的容量；x_{ft}表示二进制变量，即决策变量。航班f在t时刻降落取 1，否则取 0；r_f表示航班f的计划降落时间；T_f表示航班f可能降落的时间序列$\{r_f,\cdots,\min(T,r_f+\Delta)\}$；$s_{f_1 f_2}$表示航班$f_1$在不影响航班$f_2$正常起飞的情况下所能承受的最大地面等待时间（其中航班f_2是航班f_1的后续航班）；即航班f_2的起飞时间减去航班f_1的降落时间，再减去两次航班之间的最小机场服务时间。

其中约束方程的含义：式（5-10）为机场容量约束；式（5-11）为航班到达约束，保证每一次航班都能被执行；式（5-12）为联系约束，保证连续航班的飞机再执行后续航班的时候前次航班已经降落，这也是多机场地面等待策略问题与单机场地面等待策略问题的根本区别之处；式（5-13）为整数约束，表示航班只有未降落和已降落两种状态。

（二）AT 数学模型

在 VBO 模型中，每一个航班联系约束方程都是与一对航班相对应的，即前次航班f_1和其后次航班f_2，尤其当执行这两次航班任务是同一架航空器时，这个约束显得更加必要。再由于式（5-11）和（5-13）的存在，只有一对$x_{f_1 t_1}$，$x_{f_2 t_2}$变量可以同时取 1。

AT 模型处理连续航班的约束限制与其他两种模型有所不同，AT 模型引用一列新的二进制变量$x_{f_1 t_1 f_2 t_2 \cdots f_d t_d}$替代 VBO 模型中的联系约束方程。假设有$d$次航班是由同一架航空器执行，只有当满足具有连续性的所有航班的起飞、降落要求时，$x_{f_1 t_1 f_2 t_2 \cdots f_d t_d}$取 1，否则都为 0。很显然，AT 模型的优越性在于它在约束方程组中去掉了联系约束方程的存在，但是它的缺点是为整个数学模型增加了变量的个数。

令$\Phi_d = \{(f_1,\cdots,f_d)\}$表示由$d$次连续航班组成的序列集合，我们称之为旅程序列，对每一旅程$(f_1,\cdots,f_d)$，在$T_d = \{(t_1,t_2,\cdots,t_d)\}$中都能找到一个"合理"的降落时间组$(t_1,t_2,\cdots,t_d)$与之相对应。所谓"合理"的降落时间是指：对于任何航班f_i，它的降落时间不能小于它的飞行时间加上它的前次航班f_{i-1}的降落时间加上两次航班之间的最小机场服务时间之和；我们用$z(f)$表示航班f在机场z降落，再引入二进制变量$\delta[p,q]$，当$p=q$时，$\delta[p,q]=1$，否则为 0。最后，限定每架飞机最多连续执行D次航班任务。

AT 模型描述如下：

目标函数：

$$\sum_{d=1}^{D} \sum_{(f_1,\cdots,f_d) \in \Phi_d} \sum_{(t_1,\cdots,t_d) \in T_d} [c_{f_1}(t_1 - r_{f_1}) + \cdots + c_{f_d}(t_d - r_{f_d})] x_{f_1 t_1 \cdots f_d t_d} \tag{5-14}$$

约束条件：

$$\sum_{d=1}^{D}\sum_{(f_1,\cdots,f_d)\in\Phi_d}\sum_{m=1}^{d}\delta[z(f_m),\hat{z}]\delta[t_m,\hat{t}]x_{f_1t_1\cdots f_dt_d}\leqslant k(\hat{z},\hat{t})\hat{z}\in Z,\hat{t}\in T \tag{5-15}$$

$$\sum_{(t_1,\cdots,t_d)\in T_d}x_{f_1t_1\cdots f_dt_d}=1\ (f_1,\cdots,f_d)\in\Phi_d,\ d=1,\ \cdots,\ D \tag{5-16}$$

$$x_{f_1t_1f_2t_2\cdots f_dt_d}\in\{0,1\} \tag{5-17}$$

AT 模型的目标函数也是求航班地面等待的最小损失。约束方程中，式（5-15）是机场的容量约束；式（5-16）是航班联系约束，同时它还包含了连续航班的联系约束限制关系；式（5-17）是整数约束，表明这是一个 0-1 整数规划问题。

（三）BS 数学模型

BS 模型和 VBO 模型比较接近，它们这两种模型的不同点在于对决策变量 x_{ft} 的含义定义不同。在 VBO 模型中，可以把 x_{ft} 看作是关于时间 t 的脉冲函数，即只有当航班降落时 $x_{ft}=1$，其他情况 $x_{ft}=0$；在 BS 模型中，我们把 x_{ft} 看作关于时间 t 的阶跃函数，即当航班降落前 $x_{ft}=0$，航班降落后 $x_{ft}=1$。

引入新的符号定义：

$F(z,t)=\{f\in F(z);t\in T_f\}$，表示在 t 时刻降落于机场 Z 的航班序列集合。

BS 模型可以描述为：

目标函数：

$$\sum_{f\in F}c_f[\sum_{t\in T_f}t(x_{f,t}-x_{f,t-1})-r_f] \tag{5-18}$$

约束条件：

$$\sum_{f\in F(z,t)}(x_{f,t}-x_{f,t-1})\leqslant k(z,t)\ z\in Z,t\in T \tag{5-19}$$

$$x_{f,t}-x_{f,t-1}\geqslant 0\ f\in F;t\in T_f \tag{5-20}$$

$$x_{f,r_f-1}=0\ f\in F \tag{5-21}$$

$$x_{f,r_f+\Delta}=1\ f\in F \tag{5-22}$$

$$x_{f_2,t_2}-x_{f_1,t_1}\leqslant 0 \tag{5-23}$$

$$\forall t_1\in T_{f_1},\ t_2\in T_{f_2},\ t_2-t_1=(r_{f_2}-r_{f_1})-s_{f_1f_2} \tag{5-24}$$

$$x_{ft}\in\{0,1\}\ f\in F;t\in T_f \tag{5-25}$$

式（5-19）为机场容量约束；式（5-20）至式（5-22）为航班到达约束，是为了保证每一次航班都能被执行；式（5-23）为联系约束，保证执行连续航班的飞机在执行后续航班的时候前次航班已经降落；式（5-23）为服务约束，表示有连续任务的航班之间满足服务时间；式（5-25）为整数约束，该模型也是一个整数规划模型。

以上三种地面等待数学模型都是经典 0-1 整数规划模型，它们基于等间隔的时间片，计算计划离港和实际离港时间差，它们的约束条件的最后一个公式都制约了决策变量 x_{ft} 的合理性，它们的本质区别在于对 x_{ft} 的含义和选择的不同。

三、模型计算量分析

基于整数规划的数学模型，是以取值为{0，1}的决策变量作为数学模型的核心，将 GDP 执行的总时间，划分为时间片，用受限元的容量来约束时间片内的航空器个数，建模的目标为：地面等待耗损和空中等待耗损总合最小。

基于整数规划的数学模型以时间片作为时间单位，如果某个时间片内的流量超过受限元的容量，则将飞行计划中在该时间片内的航班移动到其他时间片。这意味着，航班序列的延误调整也是以时间片为单位的，一般的仿真实验中，我们以 5 min 作为一个时间片，那么航班的延误时间也是以 5 min 为单位。在很大程度上，这样的调整误差较大。

整数规划的 GDP 数学模型采用建立线形方程并求最优解的方法为航班序列安排地面等待。当现实情况越复杂，线形方程涉及的变量也越多，目标函数也越难以求解。现在我们以国内机场网说明模型的复杂性。

若 5 min 为一个时间片，一天飞行时间 14 h 内总时间片个数：$|T|$=168；

国内共 25 个管制区：$|N|$=30；

国内繁忙机场个数：$|K|$=8；

三个繁忙机场航班架次：$|F|$=7 500；

有 80%的航班执行连续飞行任务：$|C|$=6 000；

假设一架航班在管制区内延误上限为 6 个时间片，即 30 min：D=6；

一架飞机在航路上最多穿过 10 个管制区：X=10；

根据以上分析，我们可以得出约束方程数可达：

$$2|K||T|+|N||T|+2|F|DX+|C|D \tag{5-26}$$

变量数可达：

$$|K||D||X| \tag{5-27}$$

由此可知，国内机场网模型的变量数最大可达 480 个，约束方程可达 953 728 个。其中 D，X，F 三个参数对变量和约束方程的个数影响很大，在未来的空中交通发展中，随着空域的不断规划，大型机场的修建，机队规模扩大，将使整个国内机场网模型变得更加复杂，那么变量数和约束方程数将成倍数增长。

基于整数规划的 GDP 模型属于最优化问题范畴，是典型的 0-1 整数线性规划问题。

但是线性规划问题的可行解集是凸集，但整数规划问题的可行解集常常不是凸集，整数规划问题的变量取整数，因而只在离散的整数点处才有定义。在具体求解整数规划时，若先在不考虑整数要求的条件下求解，然后通过直接把分数或小数"取整"，这样是不行的。原因是取整后的整数解不见得是可行解，更不见得是最优解。

求解整数线性规划的方法很多，如割平面法、分支定界法等等。用整数规划解决最优化问题是比较成熟的方法。Lindo/Lingo、ILog Cplex 等专业软件可用于整数规划问题的建模和求解。

通过对前面模型的复杂度分析，可知，根据国内空中交通流量的现状，模型的规模比较庞大，决策变量个数较多，对公式直接求解比较费时。而且，相对于地面等待策略的执行者（如航空公司、管制员），该模型过于复杂，难以应用在日常工作之中。

第三节 基于离散事件系统的地面等待数学模型

为了在战略时期合理地调整航班计划，可以将离散事件系统（DES）和启发式算法引入地面等待问题的分析，构造出一种新的 GDP 模型。即在 GDP 的研究过程中，将 GDP 问题视为 DES 系统。按系统中重要事件发生的时间顺序分析每个重要事件对整个系统代价的动态冲击影响。用迭代的方式调整关键事件发生的时间，最终使总代价达到理想值。以下将讨论单机场单跑道降落容量受限情况下，如何利用离散事件系统构造 GDP 模型，以及如何再利用启发式算法完善该模型。

一、问题提出

假设在 $[0, T]$ 时段内共有 K 架飞机从各地起飞机场出发，都将到达目的机场 Z，飞机分别设为 F_1，F_2，…，F_K，它们预计到达的时间分别为 A_1，A_2，…，A_K。假设按照预计到达时间从小到大按序编号，即满足 $A_1 < A_2 < \cdots < A_K$。机场 Z 是空中交通唯一容量受限元。机场的跑道容量是受限的，其中假设降落容量有限，起飞容量无限。其中，机场 Z 的降落容量是指一段时间间隔内，机场终端区所能容纳的最大降落架次。在基于 DES 的 GDP 模型中，机场降落容量是通过跑道降落服务时间来描述和衡量的。跑道降落服务时间是指跑道完成一个降落架次所需要的服务时间。跑道降落服务时间与机场最大降落架次（容量）成反比。在实际空中交通管制中，管制员一般采用一定的间隔来管制航班的降落，用跑道降落服务时间描述机场在时间间隔内的容量大小比较合理。

定义如下变量：

A_k 为第 k 架飞机的预计到达终端区时间；S_k 为第 k 架飞机开始降落的时间；W_k 为第 k 架飞机空中等待的时间；D_k 为第 k 架飞机的落地时间；$Z_K(t)$ 为 k 架飞机在 $x_{fi} \in \{0,1\}$ 时刻降落所需要的跑道服务时间；d_k 为 GDP 规划后，第 k 架飞机的地面等待时间；C_g 为飞机单位时间地面等待损失代价；C_a 为飞机单位时间空中等待损失代价。

飞机的进近及降落过程主要位于机场终端区，该是以机场归航台为中心，水平范围大概 50 km，垂直范围在 6 000 m 以下的空域范围内。在这个空域内，来自各条航路上的飞机江集于各个航路点和走廊口，下降飞行高度，开始进近飞行，直至降落到跑道上。最后滑行出跑道，完成降落过程，此时机场完成了一个降落架次。

将降落机场作为容量受限元，基于 DES 的 GDP 模型采用跑道降落服务时间确定机场的降落容量，跑道降落服务时间与机场的降落容量成反比，其物理意义为：单架次的飞机降落机场时占用机场资源的时间越短，在单位时间内能够降落的飞机架次就越多。为了确定跑道降落服务时间，细分飞机降落的各个阶段，并用上面定义的变量标识出各个降落的各个阶段。

图 5-2 显示了飞机 F_k 的一个完整降落过程 $A{\rightarrow}B{\rightarrow}C{\rightarrow}D{\rightarrow}E$。飞机进入终端区 A 点，设预计到达时间 A_k。在同一个时刻，单跑道机场只能接受一架飞机的降落。如果此时前一架未完成降落，则这架飞机需要空中等待直到前一架飞机让出跑道。假设为前一架飞机于 S_k 时刻完成降落，F_k 可以从 B 点开始下降高度。飞机 F_k 在 C 点着陆，滑行到 D 点后，在 D_k 时刻拐入到滑行辅道 E 点，这样降落就完成了，可以开始另一架飞机的降落，即在只有一个降落跑道的机场中，再一次由 $A_k \rightarrow D_k$。其中，从 B 点到 E 点的时间为跑道降落服务时间 $Z_k(t)$。

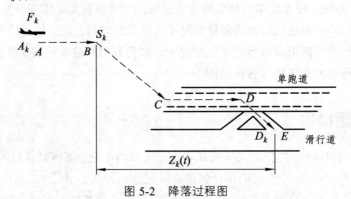

图 5-2　降落过程图

（1）当第 k 架飞机 F_k 在 A_k 到达的时候 A 点时，只存在两种情况：

当跑道是空闲的，说明第 k-1 架飞机已经降落，即满足

$$D_{k-1} \leqslant A_k \tag{5-28}$$

此时飞机不需要等待，可直接降落，于是

$$W_k = 0 \tag{5-29}$$

（2）当跑道是繁忙的，第 k 架飞机要等前一架飞机降落以后才能降落，则等待时间 W_k 为：

$$W_k = D_{k-1} - A_k \tag{5-30}$$

由式（5-28）、（5-29）、（5-30）可得

$$W_k = \begin{cases} 0, & D_{k-1} \leqslant A_k \\ D_{k-1} - A_k, & D_{k-1} > A_k \end{cases} \tag{5-31}$$

$$W_k = \max\{0, D_{k-1} - A_k\}\} \tag{5-32}$$

最后，可以得到第 k 架飞机开始降落和落地时间的迭代表达式：

$$S_k = \max\{A_k, D_{k-1}\} \tag{5-33}$$

$$D_k = S_k + Z_k(t) = \max\{A_k, D_{k-1}\} + Z_k(t) \tag{5-34}$$

一般情况下空中等待的损耗远大于地面等待的损耗，因而可以把所有的预计空中等待转化为地面等待。根据式（5-32）有：

$$d_1 = 0 \tag{5-35}$$

$$d_k = \max\{0, \ D_{k-1} - A_k\} \tag{5-36}$$

即可把所有空中等待转化为地面等待，以减少空中延误损耗。

二、根据随机型天气调整模型

由于在基于 DES 的 GDP 模型中，机场的容量是由 t 时刻跑道降落服务时间 $Z_k(t)$ 决定的，天气的变化会影响不同时刻的 $Z_k(t)$。前面讨论的 GDP 模型是基于在 GDP 执行时间间隔内天气情况确定，只有一个天气样本的情况下得出规划结果。一般情况下，天气的预测只在短期内是比较准确的，在长时间内随机变化。考虑不同概率的天气样本，可以调整 GDP 模型如下。

假设有 Q（$q=1, 2, \cdots, Q$）个样本，每个样本的概率为 p_1，p_2，$\cdots$，p_Q，第 q 个天气样本的作用下，飞机 F_k 在 t 时刻机场 z 的降落跑到服务时间为 $Z_k^q(t)$，其中 $t \in [0,T]$。则对于每个天气样本 q，式（3-33）（3-34）（3-36）可以改写为：

$$S_k^q = \max\{A_k, D_{k-1}^q\} \tag{5-37}$$

$$D_k^q = \max\{A_k, D_{k-1}^q\} + Z_k^q(S_k^q) \tag{5-38}$$

$$d_k^q = W_k^q = \max\{0, D_{k-1}^q - A_k\} \tag{5-39}$$

由于在不同天气样本下，每架飞机可能的地面延迟时间都不同。求解迭代模型：

（1）由于第一架飞机不需要地面等待。

$$d_1^1 = d_1^2 = \cdots = d_1^Q = 0 \tag{5-40}$$

（2）根据不同天气样本 q，通过迭代分别求得 d_2^q（$q=1, 2, \cdots, Q$）

设

$$d_{\max}(2) = \max\{d_2^q\},$$ （5-41）

$$d_{\min}(2) = \min\{d_2^q\},$$ （5-42）

可知，第二架飞机的地面等待时间 d_2 取值在两者之间。则有第二架飞机的地面等待时间 $d_2 = d_2^{opt}$ 时，使在平均天气情况下延迟总代价 C 最小。此时，第 2 架飞机空中等待时间：$W_2^q - d_2^{opt}$。

由于第二架飞机在地面等待了 d_2^{opt}，则得到着陆许可的时间 $A_2' = A_2 + d_2^{opt}$ 可能大于后序航班的预计到达终端区时间。设有 $A_M < A_2' \leqslant A_{M+1}$，第 $i=3$，4，…，M 架飞机至少有地面等待 $d_i^g = A_2 + d_2^{opt} - A_i$，而航班 $j=M+1$，$M+2$，…，K 没有地面等待，按照原计划出发，根据式（5-37）、（5-38）、（5-39）计算出至少存在空中等待 d_j^a：

$$\sum_{q=1}^{Q} p_q[C_g(d_2^{opt} + \sum_{i=3}^{M} d_i^g) + C_a(W_2^q - d_2^{opt} + \sum_{j=3}^{K} d_j^a)]$$ （5-43）

式（5-41）是关于时间的连续有界函数，因此存在最小值，通过求得 C 的最小值，可得 d_2^{opt}，将第二架到第 M 架飞机预计到达终端时间 $A_2 \cdots A_M$ 向后延迟 d_2^{opt}。并同理推算出第 k 架飞机的理想等待时间 d_k^{opt}。

三、模型分析

基于 DES 离散事件的 GDP 模型将航班的起飞降落过程看作一个 DES 系统，按事件的发生时间循序一次分析其对整个系统代价的动态冲击影响，最终使总代价达到理想值。该算法能够精确计算出单架飞机地面延误时间，减少了计算量队缓存的需求。

基于 DES 离散事件的 GDP 模型实质是"前提+后推"，即对航班序列的相对顺序不会发生更改。但是在实际的空中交通管制过程中，由于航班所属的航空公司不同，执行的飞行任务不同，在执行地面等待时延误程度应该有所区别，那么就会造成航班序列的相对顺序在进行了 GDP 调整后会发生改变。而基于 DES 离散事件的 GDP 模型并未对此做出调整。

基于 DES 离散事件的 GDP 模型用机场降落跑道服务时间作为机场的容量限制。但是在不同的天气情况下，采用目视飞行规则（VFR）和仪表飞行规则（IFR）跑道的使用时间不同，在 VFR 天气条件下机场容量比 IFR 大约提高 30%。而且，一些大型机场采用多跑道，航班起飞降落可以同时进行，因此对于天气的影响，起飞降落容量的变化很大，基于 DES 离散事件系统的 GDP 模型将天气因素考虑为离散事件，有效地说明了天气变化对航班起飞降落产生的影响。但是，每一次天气变化的影响结果都是对航班序列中的航班做出依次的遍历前提或者推后。如果我们考虑到机场网络，那么一个航班的调整将会影响整个机场网络的航班序列，GDP 模型影响的范围过大。

第四节 分组排序地面等待模型

第二节、第三节介绍的整数规划及 DES 离散事件 GDP 算法具有一定局限性：① 大多数模型为容量确定性模型；② 以单一规划目标确定航班优先级。正是针对以上的局限性，本文提出了基于分组的随机性地面等待算法。该算法以将航班分组排序作为基础，同时考虑了起降、续航和由天气导致的容量随机变化对航班序列的影响，在保证飞机之间起飞降落服务时间的前提下，根据决策者对延误时间和延误费用不同的重视程度，可灵活地得到不同的排序结果。并且根据排序序位和起落服务时间确定航班使用机场资源的时间段，从而为管制员提供决策支持，减轻管制员的工作负荷。

一、相关定义

续航相关性：在规划时间段内某降落航班在经过一个机场转场服务时间后，又在相同的机场起飞，我们认为这两个航班具有续航相关性。一些地面等待算法没有考虑这种相关性，这样调整后可能发生一种情况：降落航班的降落时间与起飞航班的起飞时间差过短，不满足转场服务需求，调整结果不一定符合实际应用。

航班组：当两架航班具有起落续航相关性，认为此两架航班为一个航班组。若某架航班没有续航任务，或者续航任务航班不在调整序列内，认为此航班单独为一个航班组。在排序时，将一个航班组作为一个整体参与排序，航班组内部航班的相对顺序不变，相对时间差不缩小。

二、参数和变量

（1）原始航班集合 $F^{org} = \{f_1, f_2, \cdots, f_N\}$：请求起飞降落的进出港航班集合。每架航班用 f_i 表示，$i \in [1, N]$，$f_i \in F^{org}$。

（2）容量受限开始时刻 t_{start}。

（3）序位集合 $SN = \{1, N\}$。原始航班在排序之后各分配一个序位，即得到一个新的排序位置。例如：f_i 分配到序位 n，意义为经算法调整后 f_i 为第 n 个起飞或者降落的航班。其中各序位按顺序分配，即分配第 n 个序位时，前 $n-1$ 个序位已经被分配。

（3）Et_i：航班 f_i 计划起飞降落时间，如果 f_i 为出港航班，Et_i 为计划起飞时间；如果 f_i 为进港航班，Et_i 为计划降落时间。$i \in [1, N]$。

（6）$Z_{i,t}^q$：表示航班 f_i 在天气样本 q 下，于 t 时刻起飞或者降落，需要的机场服务时间。在此段时间内，机场有且仅有 f_i 使用机场资源。其中，$Z_{i,t}^q$ 取值由机型天气情况、机场情况等因素决定。

（7）t_n：第 $n(n \in [1, N])$ 个序位的开始时间，分配到第 n 个序位的航班可以从该时刻起飞或降落。

序位 1 的开始时间 $t_1 = t_{start}$；

序位 2 的开始时间 $t_2 = t_{start} + Z_{i,t_{start}}^q + 1$；

……

序位 n 的开始时间 $t_n = t_{start} + \sum_{f_i \in F} Z_{i,t_{n-1}}^q + 1$。

（8）航班延误损失 $C_{i,n}$：航班 f_i 在第 n 个序位起飞或降落时产生的延误损失代价，单位为元。航班的延误损失代价包括航班的运营成本和盈利损失。如果航班没有进行延误调整，其延误损失代价为 0，即当 $t_n - Et_i = 0$，$C_{i,n} = 0$。

（9）续航相关映射 $R: f_i \rightarrow f_j$，$R(f_i) = f_j$ 表示航班 f_i 有续航任务，且完成后继任务的航班为 f_j。若航班 f_i 没有续航任务，$R(f_i) = \phi$。其中，R 为一对一映射关系。

（10）t_{delay}：最短转场时间。

（11）航班组集合 $F = \{F_1, F_2, \cdots, F_V\}$：若 $R(f_i) = f_j$，则存在 $F_v = \{f_i, f_j\}$（$v \in [1, V]$，$0 < V \leqslant N$），即当两个航班续航相关，将两个航班归入一个航班组。F 中每个元素中包含至少一个，至多两个航班。元素内部以 Et_i 升序排列，即后续任务航班排在后面。

（12）优先级 $p_{i,n}$：航班组 F_i 在竞争序位 n 的优先级。本文提出的基于分组的随机性地面等待算法中，航班组优先级由累积规划时间、航班是否续航和延误耗损确定。

三、模型构造

本节模型提供了一种航班序列的调整机制，能重新安排航班的起飞时间，以地面等待代替空中等待，避免目的机场发生流量拥挤。

（一）设计思路

以先来先服务为原则，以航班组为对象进行排序。按顺序确定序位（由 1 到 N）的分配。如果有多个航班组竞争相同序位，该序位分配给优先级最高的航班组。当航班组竞争到一个序位之后，将此序位分配给航班组中第一个航班。并且每分配一个序位后，根据机场服务时间确定下一个序位的开始时间。因为考虑到航班随着延误时间的增加，优先级应有相应的改变。本文算法定义了根据延误时间、延误损失和是否续航等条件变化的优先级，还能根据不同的天气样本得到不同的排序结果，且每个航班分配的时间段长也不同。

（二）关键参数确定

（1）航班组 F_i 最早起落时间 EFt_i：由于不考虑航班的提前调整，可以设置：当 $t_n < EFt_i$，航班组 F_i 不能分配第 n 个序位。

初始时，令

$$EFt_i = \min_{f_k \in F_i}(Et_k) \tag{5-44}$$

当 F_i 中已有航班配序位 n，且 F_i 中还有航班未分配序位，令：

$$EFt_i = \max\{t_n + t_{delay}, \max_{f_k \in F_i}(Et_k)\} \qquad （5-45）$$

这样可以保证续航相关的两个航班在排序后的时间差不小于转场时间。证明如下：

假设航班 f_x 和航班 f_y 续航相关 $\Rightarrow R(f_x) = f_y$，$F_i = \{f_x, f_y\}$，由于 f_y 为后继任务航班 $\Rightarrow Et_x < Et_y$，设 f_x 已分配到序位 n，根据式（5-45），有

$$EFt_i = \max\{t_n + t_{delay}, Et_y\}$$

设 f_y 分配到序位 $n' \Rightarrow t_{n'} \geq EFt_i \Rightarrow t_{n'} - t_n \geq EFt_i - t_n \geq t_{delay}$。由此可知，续航相关的两个航班调整后，起降时间差不小于转场时间。

（2）将各个参数标准化至区间[0, 1]，以确定每个航班组 F_i 竞争序位 n 的优先级 $p_{i,n}$：

$$p_{i,n} = \omega_1 Fw'_{i,n} + \omega_2 FC'_{i,n} + \omega_3 F\mu'_i \qquad （5-46）$$

其中：① $Fw'_{i,n}$ 是航班组 F_i 竞争序位 n 的延误时间标准化后的值。

$$Fw_{i,n} = \sum_{f_k \in F_i}(t_n - Et_k) \qquad （5-47）$$

（5-47）式意义为 F_i 中航班竞争序位 n 的累积延误时间。设 F'' 为竞争序位 n 的航班组集合。可将 $Fw_{i,n}$ 标准化为：

$$Fw'_{i,n} = Fw_{i,n} / \max_{F_k \in F''}\{Fw_{k,n}\} \qquad （5-48）$$

② $FC'_{i,n}$ 是航班组 F_i 竞争序位 n 的延误耗损标准化后的值。F_i 竞争序位 n 的累积延误耗损：

$$FC_{i,n} = \sum_{f_k \in F_i}(C_{k,n}) \qquad （5-49）$$

$$FC'_{i,n} = FC_{i,n} / \max_{F_k \in F''}\{FC_{k,n}\}$$

③ $F\mu'_i$ 是航班组 F_i 中元素个数标准化后的值。定义 $Num(F_i)$ 为 F_i 中元素的个数：

$$F\mu'_i = Num(F_i) / \max_{F_k = F''}(Num(F_k)) \qquad （5-50）$$

④ $\omega_1, \omega_2, \omega_3$ 为各个因素在确定优先级过程的权重，各个权值取值大小，表示在分配序位不同因素的重要程度，其中

$$\omega_1 + \omega_2 + \omega_3 = 1 \qquad （5-51）$$

由上可知，航班的优先级 $p_{i,n}$ 由三部分组成：累计调整时间、航班的延误损失和航班组个数。三者在决策中的重要性由权重调节。优先级计算中，各个参数都进行了标准化处理，使其值域在[0, 1]的区间范围内。这样在相同条件下竞争相同序位，该算法能优先为有后继任务的航班分配时隙。证明如下：

假设航班 f_x 和航班 f_y 的预计降落时间相同，它们竞争相同的序位 n，f_y 是有后继任务的航班，f_y 是无后继任务的航班。

由于 $Et_x = Et_y \Rightarrow \phi'(f_x) \neq f_y \Rightarrow$ 故两航班不在同一航班组中 $\Rightarrow f_x \in F_a, f_y \in F_b$，$a \neq b$。

相同条件下竞争相同序位 $\Rightarrow Et_x = Et_y, C_{x,n} = C_{y,n}$ 由公式（1）$\Rightarrow EFt_a = EFt_b$，设 $R(f_x) = f_{x'}$ 有：

$$t_n - Et_{x'} \geqslant 0 \Rightarrow (t_n - Et_x) + (t_n - Et_{x'}) \geqslant t_n - Et_y \ C_{x',n} \geqslant 0 \Rightarrow C_{x',n} + C_{x,n} \geqslant C_{y,n}$$

$$\Rightarrow Fw_{a,n} \geqslant Fw_{b,n}, \quad FC_{a,n} \geqslant FC_{b,n}$$

$$\Rightarrow Fw'_{a,n} \geqslant Fw'_{b,n}, \quad FC'_{a,n} \geqslant FC'_{b,n}$$

$Num(F_a) > Num(F_b) \Rightarrow F\mu'_a > F\mu'_b \Rightarrow p_{a,n} > p_{b,n}$ 由此可得到有后继任务的航班在分配序位时优先级大于无后继任务的航班。

同上可证：在相同条件下，延误时间越长或者延误耗损越大，航班优先级越高。由于排序后所产生的延误耗损和延误时间为单个航班的延误耗损和延误时间的累加值，即 $\sum_{f_k \in F}(C_{k,n})$ 和 $\sum_{f_k \in F}(t_n - Et_k)$，因此以 ω_1, ω_2 为优先级权重，能有效控制延误耗损总和及延误时间总和。

（三）算法步骤

基于分组的随机性地面等待算法如下：基于航班集合 F 按以下步骤为航班分配时隙：

Step1：根据航班原始信息，初始化航班组集合 F，并根据 EFt_i 升序对 F 进行排序。根据机场容量天气等情况，初始化各种机型的起飞降落服务时间 $Z_{i,t}^q$，令 $t_1 = t_{start}$。

Step2：按顺序遍历集合 SN 中元素，得到最小未分配序位 n。

Step3：按顺序遍历集合 F 中元素，若有 F_i，满足 $EFt_i \leqslant t_n$，认为序位 n 可以分配给该航班组。

Step4：若满足 Step3 的航班组个数为 0，令 $t_n = t_n + 1$ 转 Step3。

若满足 Step3 的航班组个数大于 0，分别计算各个航班组 $p_{i,n}$，选择最大 $p_{i,n}$ 的分配该序位，转 Step5。

Step5：若航班组中航班有唯一航班 f_i，令序位 n 分给航班 f_i，$F = F - F_i$。转 Step7。若航班组中航班个数为 2，转 Step6。

Step6：若航班组中第一个航班为 f_i，令序位 n 分给航班 f_i，计算 EFt_i，$F_i = F_i - \{f_i\}$，转 Step7。

Step7：令 $SN = SN - n$，得到 f_i 的机场服务时间 Z_{i,t_n}^q，并确定下一个序位的开始时间 $t_{n+1} = t_n + Z_{i,t_n}^q$，返回 Step1，直到 F 为空。

四、仿真实验与结果分析

本实验采用 Visual C++作为仿真程序的开发工具，数据选取成都双流机场某天的航班时刻表及飞行情报。实验过程如下：对于 08:00 到 23:59 的飞行计划，采用本文模型及先来先服务的方法进行规划，生成新航班序列并得到新的起飞降落时间。并根据新的飞行计划对飞行态势进行仿真。由于篇幅限制，这里选择一天中具有代表性的 11:00—12:00 这一个小时内要求起降的 28 架航班进行排序。针对优先级权值和随机天气变化对模型的影响，进行多次仿真实验，并根据评价参数的变化趋势对仿真结果进行说明。

在优先级权值影响实验中，通过修改确定航班组优先级的权重 $\omega_1, \omega_2, \omega_3$，使用本文模型多次排序。仿真实验中输入的参数为：1>令 $Z_{i,t}^q$ 为 3 min。2>续航任务航班的最小转场时间 30 min。3>各类航班的延误耗损，实验中延误耗损由航班的运营成本决定。4>$\omega_1, \omega_2, \omega_3$ 取值。

由于设置起飞降落服务时间为 3 min，在 1 h 内 28 架航班要求起降，必将产生序位的竞争。通过多次仿真观察结果，可以发现当请求起降的航班中连程航班的个数过多或者为 0 时，ω_3 对调整航班组优先级意义不大。因此 ω_3 的取值应与连程航班的个数相关。针对本次实验数据，设置 $\omega_3 = 0.1$，并连续调节 ω_1 和 ω_2 的取值，初始设置为 $\omega_1 = 0.9$，$\omega_2 = 0$，每次调节步长为 0.1。得到十次仿真结果。这里用偏差率表示某次实验

结果与最理想值的偏差百分比。图 5-3 详细列出在 ω_1, ω_2 取值发生变化时，延误耗损偏差率和延误时间标准差偏差率的变化趋势。

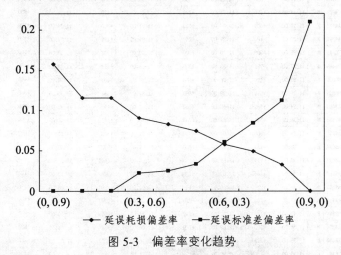

图 5-3 偏差率变化趋势

由图 5-3 可知：当 ω_1 减小 ω_2 增大，延误耗损的总值呈下降趋势；当 ω_1 增大 ω_2 减少，延误时间总值呈下降趋势。延误时间和耗损的不同重视程度可以由调节权值来得到不同的排序结果。当 $\omega_1 = 0.3$，$\omega_2 = 0.6$ 时，仿真结果评估参数综合最优。

图 5-4 详细列出 11:00—12:00 时间段内在成都双流机场请求降落或起飞的 28 架航班的信息和根据不同权值重新排序的结果。在此列出了 4 组不同 $\omega_1, \omega_2, \omega_3$ 取值下的航班排序和起降时间调整结果。并用颜色表示对航班的调整力度，背景颜色为红表示对航班进行延迟调整，颜色越深表示调整的程度越大，即航班延迟的时间越长。

由图 5-4 可以看出，当 $\omega_2 = 0.8$ 时，延误耗损为确定航班优先级的主要因素，竞争相同序位的航班，其延误耗损越大，优先级越高。例如航班 3U8697，3U8804 等重型机都先分配到了序位，因此这种方案的仿真结果将延误耗损总值减到最小，但是由于轻型机和部分中型机（例如 CZ64015 和 CA4435）由于延误耗损增长较小，被延误了较长时间。因此延误时间标准差最大。当 $\omega_1 = 0.8$ 时，延误时间为确定航班优先级的主要因素，竞争相同序位的航班，其延误的时间越长，越优先分配序位。例如航班 CZ4303 由于多延误了 1 min，比重型机 3U8697 先分配到了序位。因此这种方案的仿真结果延误时间标准差最

小，但是由于部分重型机（例如 CA4415 和 CA4520）的排序靠后。因此延误耗损总值最大。ω_3 是航班组续航权值，在上图的原始数据中，H47488 为 H47487 的后继任务航班，CA4415 为 CA4414 的后继任务航班，由于 ω_3 的值为 0.8，续航相关的航班组优先级高，因此 CA4414，H47487 都优先分配了序位。

权值分配	原始航班计划			$\omega_1=0.3, \omega_2=0.6, \omega_3=0.1$		$\omega_1=0.1, \omega_2=0.8, \omega_3=0.1$		$\omega_1=0.8, \omega_2=0.1, \omega_3=0.1$		$\omega_1=0.1, \omega_2=0.1, \omega_3=0.8$	
	航班号	尾流	计划起降时间	调整时间	调整后起降	调整时间	调整后起降	调整时间	调整后起降	调整时间	调整后起降
仿真结果	3U8604	M	11:00:00	0	11:00:00	0	11:00:00	0	11:00:00	0	11:00:00
	H47487	M	11:03:00	0	11:03:00	0	11:03:00	0	11:03:00	0	11:03:00
	CA4467	H	11:05:00	+60	11:06:00	+60	11:06:00	+60	11:06:00	+60	11:06:00
	MU5435	L	11:09:00	0	11:09:00	0	11:09:00	0	11:09:00	0	11:09:00
	CA4186	H	11:10:00	+120	11:12:00	+120	11:12:00	+120	11:12:00	+120	11:12:00
	CZ3413	M	11:10:00	+480	11:18:00	+480	11:18:00	+480	11:18:00	+480	11:18:00
	3U8703	H	11:10:00	+300	11:15:00	+300	11:15:00	+300	11:15:00	+300	11:15:00
	SC4601	M	11:14:00	+420	11:21:00	+780	11:27:00	+420	11:21:00	+600	11:24:00
	CA4414	H	11:19:00	+300	11:24:00	+120	11:21:00	+300	11:24:00	+120	11:21:00
	CA4310	M	11:20:00	+420	11:27:00	+240	11:24:00	+420	11:27:00	+420	11:27:00
	CZ6411	M	11:25:00	+300	11:30:00	+300	11:30:00	+300	11:30:00	+300	11:30:00
	MU5405	M	11:27:00	+360	11:33:00	+360	11:33:00	+360	11:33:00	+360	11:33:00
	3U8856	M	11:28:00	+480	11:36:00	+480	11:36:00	+480	11:36:00	+480	11:36:00
	3U8856	M	11:28:00	+660	11:39:00	+660	11:39:00	+660	11:39:00	+660	11:39:00
	CZ3403	M	11:34:00	+660	11:45:00	+660	11:45:00	+480	11:42:00	+660	11:45:00
	H47488	M	11:35:00	+780	11:48:00	+780	11:48:00	+780	11:48:00	+780	11:48:00
	CA4151	M	11:35:00	+960	11:51:00	+960	11:51:00	+960	11:51:00	+960	11:51:00
	3U8697	H	11:35:00	+420	11:42:00	+420	11:42:00	+600	11:45:00	+420	11:42:00
	CA4435	M	11:35:00	+1140	11:54:00	+1500	12:00:00	+1140	11:54:00	+1140	11:54:00
	CA4113	M	11:40:00	+1380	12:03:00	+1380	12:03:00	+1020	11:57:00	+1020	11:57:00
	CA4313	M	11:45:00	+1260	12:06:00	+1440	12:09:00	+1260	12:06:00	+1260	12:06:00
	CA4415	H	11:45:00	+900	12:00:00	+720	11:57:00	+1080	12:03:00	+1080	12:03:00
	3U8804	M	11:45:00	+720	11:57:00	+540	11:54:00	+900	12:00:00	+900	12:00:00
	CA4254	M	11:54:00	+900	12:09:00	+720	12:06:00	+900	12:09:00	+900	12:09:00
	CZ6410	M	11:55:00	+1200	12:15:00	+1200	12:15:00	+1020	12:12:00	+1200	12:15:00
	CZ6402	L	11:55:00	+1560	12:21:00	+1560	12:21:00	+1200	12:15:00	+1560	12:21:00
	CA4520	H	11:58:00	+840	12:12:00	+840	12:12:00	+1200	12:18:00	+840	12:12:00
	CA4151	M	12:00:00	+1080	12:18:00	+1080	12:18:00	+1260	12:21:00	+1080	12:18:00
延误总时间（秒）				17 700		17 700		17 700		17 700	
延误耗损总值（元）				12 650		12 353		13 342		12 749	
延误时间标准差（秒）				391.922 9		411.135 2		369.637 9		386.970 8	

图 5-4　权值不同时 GDP 计算结果

当 $\omega_1, \omega_2, \omega_3$ 取值为 0.3、0.6、0.1 时，是图 5-4 中综合最优的取值。例如航班 3U8697 和 CA4520 由于是重型机，故延误时间较短，而 CA4313 和 CA4435 也由于已经延误了一段时间，优先分配到了序位。这种既考虑延误时间又考虑延误耗损的优先级确定方法，满足兼顾公平性的管制需求。而且从图 5-4 的 4 种结果来看，任何一种优先级确定方案，都满足续航相关的两航班之间至少满足一个转场时间 30 min 的要求，因此能给管制员提供合理的决策支持。

下面，将本节模型和先来先服务进行比较。将原始航班序列采用本节模型和先来先服务算法分别在不同的天气样本下进行调整。在时间段 11:00—13:30 中，设有 $Q=4$ 个天气样本，根据经验数据起飞降落服务时间样本变化趋势如图 5-5 所示。本节模型采用 $\omega_1 = 0.3$、$\omega_2 = 0.6$、$\omega_3 = 0.1$ 的优先级确定方案。由于每次规划后的航班序列篇幅较大，表 5-1 列出了不同规划方法得到的评价参数。

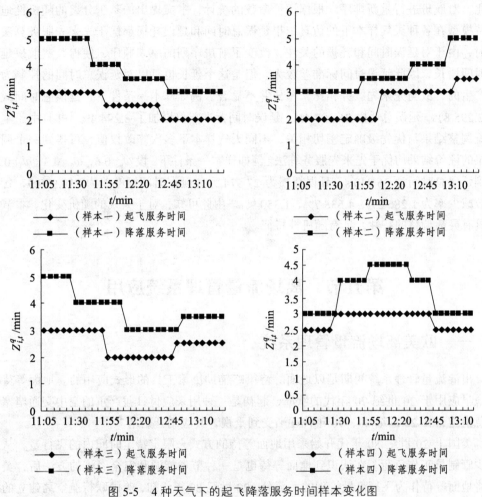

图 5-5　4 种天气下的起飞降落服务时间样本变化图

表 5-1　规划结果及过对比

样本	算法	延误总时间/s	延误耗损/元	延误时间标准差/s
1	本节算法	36 090	21 263	780.517 2
	先来先服务	37 320	28 885	720.736 2
2	本节算法	12 060	8 426	226.182 7
	先来先服务	12 090	9 430	210.389 5
3	本节算法	30 360	17 690	557.536
	先来先服务	31 320	24 245	490.093 9
4	本节算法	17 370	12 212	424.182 1
	先来先服务	17 520	13 534	378.449 1

　　由上表可知：在天气随机变化的状态下，由于起飞降落服务时间产生变化，排序结果会产生不同。先来先服务算法不改变航班的原始排序，在起降服务时间增大时，采用了整体序列依次延误的方法。而本节模型考虑了不同航班的起降服务时间和延误耗损的变化，对航班进行重新排序。根据评价参数的统计，本文提出的基于分组的随机性地面等待模型在各种天气样本下的仿真结果延误总时间和延误耗损都优于先来先服务算法。同时，由于对延误时间和耗损的关注，改变了航班序列的原来顺序，使得某些航班延误的时间增长，因此延误时间标准差较大。但是这个延长也是以对延误总时间的控制为前提产生的，故与先来先服务相比，差异并不显著。例如样本一条件下，延误总时间减少了 3.295 8%，延误总耗损 26.387 4%，延误时间标准差仅增加了 8.294 4%。并且由于本节模型调整结果与优先级确定密切相关，不同天气样本下多次修改权值，可得到一个调整结果的评价结果均优于先来先服务算法。例如样本一条件下，设 $\omega_1 =0.6$，$\omega_2 =0.3$，$\omega_3 =0.1$，得到延误总时间为 36 840 s，延误耗损为 27 574 元，延误时间标准差为 710.999 9，各项参数减少率为 1.286 2%，4.538 7%，1.350 9%。由此可知，对于天气的随机变化，本节模型具有灵活调整的特性，具有随机性特征。

第五节　离场流量管理系统应用

一、欧美离场流量管理系统

　　出港流量管理系统初期是以地面等待策略辅助决策工具的形式应用的。地面等待策略最早应用于 20 世纪 70 年代的欧洲，起初是一种用来应付日益严重的空中交通堵塞的应急措施，在 20 世纪 80、90 年代逐渐受到重视，其应用开始增多。

　　美国于 20 世纪 80 年代开始采用地面等待的方式来限定特定时间内的飞行量，从而减少管制员工作负荷。在认识到地面等待也是一种节省能源和安全经济的方法后，美国也将地面等待作为飞行流量管理的一部分。20 世纪 80 年代初，美国联行航空局建立的空中交通控制系统指挥中心就曾推出一种地面等待策略，即最早的确定性地面等待策略，该策略以目的机场的容量为限制，对到港时间进行估计，并逆推至起飞机场，得到飞机在起飞机场的等待时间，该策略中目的机场的容量为确定值。

　　针对操作请求和机场容量之间的矛盾，空中交通控制系统指挥中心监视着美国的所有机场，一旦预测到一个时间段内某机场的到港航班数目超过其容量，就采取相应的流量管理策略，此时地面等待策略因为其安全、环保等特性，成为最优先被采取的措施。

　　美国通过多年的应用，对地面等待进行了深入的研究。美国将最初的单机场确定性地面等待系统发展成为多机场协同决策的地面等待系统。2000 年以后，美国将地面等待的限制对象从目的机场衍伸至其他空域，实现了以空域容量为规划目标的多元受限地面等待系统。

　　欧洲 CFMU 中对地面等待的研究也经历了很多阶段，现在使用的辅助决策系统为

CASA（Computer Assisted Slot Allocation）算法，其核心思想与地面等待一致，其计算结果为起飞时隙和起飞次序。

随着飞行流量的研究深入，出港流量管理扩大了其研究范围，并且已经形成了一个庞大的流量管理课题，各国也纷纷展开了出港管理系统的开发与应用，其中比较成功的系统是 MAESTRO 的离港排队辅助决策系统（DMAN），该系统与其使用的 Eurocat 管制自动化系统相结合，有效地降低了进近管制员的工作负荷，提高了起飞申请、放行许可的效率，达到了平衡起飞降落流量并降低延误的目的。

DMAN 的工作原理是：首先通过飞行计划、滑行道位置及状态、机场服务效率等信息计算出航空器推出时间，并安排合理的滑行路径。通过监控航班滑行位、速度并结合跑道使用情况，动态安排起飞时隙和分配跑道，给管制员提供航空器起飞时间、进近的综合信息及参考管制辅助建议。目前欧洲很多机场都在使用 DMAN，DMAN 的使用增加了机场的吞吐量，提高了机场的运营能力。

DMAN 涉及的信息来自机场、飞机、塔台、进近四个单位，因此数据量较大，计算过程及负责度均大于 AMAN 系统，因此建设一套完整的 DMAN 系统是非常复杂的过程，而实现一套地面等待系统——即仅考虑跑道服务时间、起降容量平衡的出港流量辅助决策工具，是相对容易的。因此国内多采用地面等待辅助决策工具实现出港流量优化，但这些工具大多通过运用某种规则来确定新的起飞时间，使得飞机队列有序起飞。模型计算结果仅涉及本场的起飞航班排序，实用性较低。且随着我国流量的日益增加，地面等待的核心由目的机场向枢纽空域转移，而现有的地面等待辅助决策工具无法解决这一问题，因此我们还需要对问题进行深入研究，以开发出适用于我国空域结构、管制方式的出港流量管理系统。

二、离场流量系统功能介绍

地面等待策略是基于对机场航班时刻的实时监视与预测工具，当决策者预测到机场的到达航班流与机场容量将出现不平衡时，则调用地面等待策略，根据航班飞行计划，雷达融合数据，航班优先级，机场实际容量，航班延误费用等，给到达航班合理分配时隙，再将新的时隙反馈给相关方。地面等待策略的执行时间通常较拥塞发生的时段提前 2~4 h，在预测到系统的需求超出其可提供的能力时，能提前合理安排交通流，避免交通拥塞，使得机场和空域资源得到最大化的利用，保证了空中交通流量最佳流入或通过相应的区域，协助管制员实现管制服务的目的。

地面等待策略工具分为两个部分。

（1）参数设置窗口：这一部分主要用于对地面等待策略执行所需的参数进行设置。

（2）地面等待策略优化结果显示窗口：这一部分是用于显示地面等待策略优化后的结果。参数的设置窗口如图 5-6 所示，地面等待延误架次分布如图 5-7 所示。其中各输入项的含义如下：

机场名字：选择要执行地面等待策略的机场。

开始时间：GDP 执行的开始时间。

结束时间：GDP 执行的结束时间。

航班可提前的分钟数：用于限制航班的最大可提前时间。

延误损失费用：各种机型的延误损失费用。

最大延误时间：有后继任务和无后继任务的航班的最大允许延误时间。

时间、费用的权重值：决策者根据对延误时间和延误费用的重视程度输入。

容量值：这里我们采用的是容量进行输入的方式，每个单元格为 15 min 内的机场容量值。

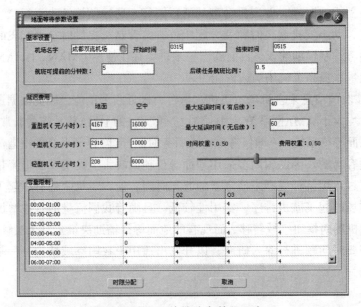

图 5-6　地面等待策略参数设置窗口

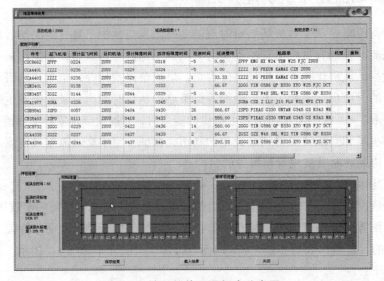

图 5-7　地面等待延误架次分布图

第六章 进场流量管理策略

机场终端区是整个航空运输网络的瓶颈，随着我国民航运输业持续快速发展，机场运行规模会不断扩大，机场终端区发生拥塞的频率也会不断增加。对终端区到港航班进行优化排序，将有利于减少空中交通的延误，减轻管制员的工作负荷，提高整个空中交通的运行效率，因此研究终端区的特性并优化具有其必要性。

终端区（进近）进场航班排序优化是空中交通流量管理系统的重要决策支持工具，它综合利用各种数据、信息、知识、使用优化排序策略、模型技术等，给管制员提供航空器进近的综合信息及参考管制辅助建议。近年来，随着终端区（进近）进场航班排序优化工具在国外的成功应用，终端区优化排序辅助决策被认为是未来空中交通流量管理的重要部分，发展前景十分广阔，所以对其做全面深入的研究对空中流量管理来说具有重大的意义。

第一节 进场流量管理概述

一、进场流量管理概念

终端区流量管理主要涉及到达终端区、进近管制和跑道降落这三个阶段。到达终端区阶段是指飞机在飞入目的机场所在的终端区之前，申请进入此终端区的阶段，这阶段需向飞机发布一个放行许可并提供飞行数据。进近管制阶段是指飞机进入终端区后，对飞机进行实时管制，同时负责发布飞机继续向前飞行的放行许可。跑道降落阶段是指飞机脱离进近管制，切入仪表着陆系统或其他着陆设备，进行进场着陆的阶段。

进场航班脱离航路后必须按规定高度进入终端区，对于机型不同的航班，一般为其分配不同的高度层，进场航班按照标准仪表进场程序飞至起始进近定位点后开始仪表进近飞行。航班自起始进近定位点开始，按照一定的下降梯度调整高度和速度，直至以规

定的速度、高度以及飞行姿态对准最后进近航段并开始最后进近直至降落跑道。下图 6-1
反映了终端区内航班进场各个阶段。

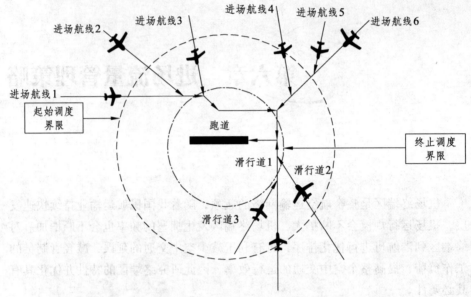

图 6-1　航班进场飞行过程图

　　进场航班排序是空中交通流量管理中的重要方法。其实质是：为了防止空中交通拥
挤，修改航班的降落时间，延长或减少航班进场飞行时间，使降落航班能更快速有序地
进入机场着陆。实际操作中，由于缺乏有效的辅助决策工具，通常以先来先服务作为基
本原则进行排序。终端区流量管理主要研究的内容是终端区飞机到达流的排序决策问题，
即在满足飞机安全间隔和管制员接受的安全裕度的前提下，为保证空中交通的快速、有
序、安全地运作，合理安排飞机的着陆次序，根据不同的空域状态和不同的原则给出相
应的算法。

　　终端区到港航班的排队模型可以描述为一个随机服务系统。这个系统中的顾客总体
即为到达终端区的航班集合，机场跑道则作为系统中的服务台，为到达航班提供着陆服
务。而如何安排到港航班的顺序，使机场给航班提供的服务更加合理、高效、安全，应
是终端区到港航班排队模型关注和解决的首要问题。

（一）输入过程

　　在终端区到港航班排队模型中，输入过程描述的应是到港航班按怎样的规律到达终
端区。

　　（1）到港航班数是无限的。即随着时间的推移，不断地有到达终端区的航班，只是
根据不同的时间段，航班的到达率有所不同。

　　（2）航班的到达方式是单个到达或是成批到达。

　　（3）航班相继到达终端区的时间间隔是跟机场的繁忙程度相关的，终端区范围内航
班的最小时间间隔是确定的常数，它与前后两航班的机型相关。

（二）排队规则

终端区到港航班排队模型的排队规则采用混合制排队系统。即该模型在终端区允许到达航班排队，但不允许到达航班无限制地等待下去，其时间的容忍程度是有限制的，是等待制与损失制系统的结合。

（1）到达航班的等待时间有限可以描述为：航班在系统中的等待时间应不超过时间长度 T，T 可由航班的性能要求或管制员等因素决定。到达航班应在时间长度 T 的范围内降落。

（2）到达航班的服务时间有限。即每一个到达航班，机场跑道为其提供服务的时间是有限的。

（三）服务机构

终端区排队模型中的服务机构主要是机场的跑道情况。即机场跑道的数量，跑道的构建形式，跑道的起降方式，跑道给航班提供的服务时间分布等。机场跑道的数量有一个或多个之分，可成为单跑道排队服务系统与多跑道排队服务系统。一般来说，单跑道提供的服务方式为串联。多跑道，如平行双跑道，提供的服务方式为并联。

二、进场流量管理研究发展

终端区到港流量管理策略在近20多年来是各国研究机构和学者关心和研究的热门课题。对进近终端管制区内到达航班进行排序优化，可以达到减小延误、提高系统容量和增加飞行安全的目的，特别是在航班数量接近空域的饱和状态，甚至超过饱和状态时。对终端区到港航班排序优化策略是战术阶段空中交通管理自动化的核心问题之一。

国外学者在 20 世纪 80 年代就开始研究终端区（进近）到港航班的排序优化问题。在人工调度的环境下，管制员对到港航班的排序采用的是最基本的调度算法，即先来先服务 FCFS（First Come First Served）。

在 1976 年，麻省理工学院（MIT）的 Roger Dear 第一次提出限制位移 CPS（Constrained Position Shift）的思想，即优化的航班序列中，飞机的位置是不能任意的。与先来先服务算法相比，其最大位移数不超过 1 或者 2，对于管制员在实际中操作才是可行的。这一思想的提出，起到了一个划时代的作用，在后来的很多研究中，都采用了这一思想。但 Roger Dear 没有提出一个高效的算法实现，他采用的是移动的有限时间窗内（长度限为 3 到 4架飞机）飞机序列的阶乘穷举来列出所有排列，以评价各序列的成本，其效率与全局优化相差较远。1980 年，Psaraftis 在 Roger Dear 的基础上，采用了动态规划的方法进行研究，它处理具有相同属性的飞机队列。但实际中，飞机的属性是不会完全相同的，且广度优先寻找最短路径的动态规划方法不能完全满足现实空管的复杂性，如随交通流量变化的目标函数，随环境而变化的路径成本以及其他诸多约束等。1981 年，Andreussi 把到港航班排序问题看成一种离散事件，建立了一个离散仿真模型对不同的排序策略进行评估。1988 年，NASA 的 Roberter 通过一种启发式算法——随机搜索途径对这一问题进行了研究。这一时期研究的算法和模型都只考虑了很简单的情况，远不能满足实际复杂的空中交通。1992 年 NASA 的 Christopher R Brinton 采用隐枚举算法，对能满足现实复杂约束的实时算法进行了研究，并应用在 CTAS 的验证版本中。它首次解决了算法的高效性和实时性问题，是这一研究领域的重大突破。Brinton 在求解目标函数时，采用深度优先的搜索算法，在枚举所有可能排列的同时，对当前排列的成本与已经搜索到的最佳成本作比较，以对一些排列进行删除。1993 年，Abela 以遗传算法为基础，通过建立混合整数规划模型并同时结合启发式算法对单跑道情况进行了研究，并给出了包括 20 架飞机的计算结果。Venkatakishnan，Barnett and Odoni（1993）在 Psaraftis 的研究基础上，增加了时间窗的考虑，采用两种方法研究：一种保持时间窗不变，另一种时间窗随着飞机接近着陆过程而减少。1997 年，Milan 根据给航空器计算优先级来分配降落的顺序，优先级的计算考虑以下因素：旅客数量、乘客的延误费用以及换乘旅客的比例。2000 年，Beasley 通过建立 0-1 整数线性规划模型，研究了排序、时间、跑道指派三个方面的优化，但只考虑了静态调度情况。2001 年，Andreas 对 Beasley 建立的整数线性规划模型进一步进行了研究。2004 年，Beasley 将其模型扩展到动态调度方面。

国内在终端区（进近）到港航班排序模型的研究较少。1999 年，苟海波等在国内首次展开了这方面的研究，采用分航路调节距离间隔的方法对飞机进行排序。2001 年，丁峰等对空中交通自动化管理中飞机等待队列的排序算法进行了研究，其使用的方法是用移动的时间窗，对窗内的航班进行阶乘穷举。2001 年，徐肖豪等人采用了模糊综合评判方法研究终端区飞机排序，该法通过设置航班的到达时间、速度、离开机场距离等因素的权重，在综合考虑各因素的基础上对航班进行排序。2004 年，余江等人研究了 MPS 优化算法，在 MPS=1 的位置约束下，以隐枚举算法为基础，对到港航班进行排序，通过增大约束条件和位置冻结限制，使解空间大大减小。2005 年，江波等人基于航班最早预计到达时刻，提出了一种进近排序模型，该模型中，飞机的优先权由最早预计到达时间和机型决定，然后再根据间隔要求进行航班前后调整。2010 年，杨凯等人在降落航班排序中加入了回溯思想，在航班排序时，优先考虑利用航班之间的空余时间以减少延误时间，并引入两个权值调节对延误总时间和累积降落总时间的不同重视程度。

这些研究模型在一定程度上考虑了我国终端区空域特点和管制员的操作需求，并在一些实验系统中得到应用和验证。

三、进场流量管理策略经典模型

（一）先来先服务（FCFS）算法

FCFS 算法是依据飞机预计到达时间（estimated time of arrival，ETA）的次序来决定飞机的着陆次序。当需要着陆的飞机进入终端区排序区域时，系统根据飞机进入终端区的时间、飞机的性能数据和初始状态计算出飞机到达目标点的预计到达时间（ETA），在此基础上，系统根据飞机的 ETA 和当前飞机队列的排序情况给出相应的飞机的计划到达时间（schedule time of arrival，STA）。如果飞机队列中的间隔不足以插入新的着陆飞机，系统在保证飞机间隔标准的前提下，对这架飞机后面的飞机依次重排，进行延迟处理。如果对后面的飞机不能进行重排和延迟操作，就要对这架新到的飞机实施等待策略，使其在某一固定空域进行空中等待。该算法的优点是易于操作，但容易造成航班的过度延误。

（二）约束位置交换（CPS）算法

位置交换算法从不同类型飞机必须保持不同的"最小安全间隔标准"入手，通过对飞机队列次序的重新排列，对所有可能的飞机排序方式进行搜寻，找到一种成本（指队列中每两架飞机之间所需时间间隔的总和或以等待时间为参数的每架飞机的等待成本的总和）最小的排队次序，即该组飞机的最佳排序方案。但得到的最佳排序方案有可能会使原飞机队列的次序改变较大，这不仅加剧了管制员的负担，而且与先到先服务原则的冲突较大，降低了不同航班飞机的公平性，从而增大了实现的难度。因此带约束的位置交换被提出，即飞机的最终位置只能被排在初始位置前后一定范围内的适当位置上。位置约束是通过在算法中对待排序飞机初始位置与最终优化位置之间的差值进行限定来实现的。CPS 算法通常只能使相邻位置间的飞机进行交换。

（三）时间提前（Time-Advance）算法

时间提前算法对每个飞机队列的第一架飞机实施控制，而不改变整个队列的原有顺序。通过使第一架飞机加速，使其先于正常的预计到达时间到达目标点。这样，队列中所有的后面飞机都可以减少相同时间的延误。这种方法同时也减少了不同飞机队列之间的间隔。一般情况下，所有飞机的最大时间提前量为 60 s；而在 CTAS 系统中，每个飞机队列的首架飞机的时间提前量是根据系统的计算结果而定的。因为 TA 算法对于加速飞机来说是以提高飞行成本为代价的，所以只有当紧跟第一架飞机之后的飞机需要延迟处理时，前者才进行加速从而使后者的延误减少。TA 对多数飞机来说使其帮助其减少了延误和燃油消耗，但那些加速的飞机不是按照飞机的最优巡航和下降剖面飞行，导致其燃油消耗实际是增加的。所以，采用 TA 算法时，要综合考虑多方面的因素。

（四）动态尾流间隔算法

为飞机制定的跑道间隔标准是为了避免飞机尾流的影响。一个优秀的管制员可以根据间隔标准，最大限度地增大飞机的起降架数。然而，要显著地增大飞机的到达率，必须减小要求的间隔标准。NASA Langley 研究中心正在研究一种能提供动态尾迹涡流间隔标准的系统，它通过预测多种气流条件下涡流的衰减和转移情况来实现。这种系统被称作飞机尾流间隔系统（Aircraft Vortex Spacing System-AVOSS）。AVOSS 通过把天气和尾流长度作为输入，对尾迹涡流的衰减和转移情况进行建模。尾迹涡流模型用来确定在考虑尾流效应影响情况下，前后飞机的飞行间隔。AVOSS 的输出将是对于不同飞机组合的时变间隔约束。例如，波音 747 与前面的 DC10 的间隔是 95 s。由于不断变化的间隔标准将影响空域内所有的飞机，所以系统的稳定性必须加以考虑。在这里，稳定性是指通过对将要着陆的飞机进行调整能将产生的延误尽量"消化掉"，而不影响空域内的其他飞机，这会使管制员不断地改变对飞机的管制安排。

（五）延误交换算法

从进近空域到高度拥挤的终端区，管制员必须经常对到达的飞机的飞行加以约束、进行管制，但管制过程中往往没有把航空公司对各自航班的优先级要求考虑在内。NASA正在研究一种新的排序算法，它将充分考虑各航空公司飞机的优先权，并允许航空公司参与对飞机队列的管制，由此减少空中交通管制对航空公司经济利益方面的影响，增加公司的经济效益。

延误交换是一种基于公平原则的排序方法。在机场运行高峰时，等待着陆的大量飞机需要进行延迟处理，这种方法会接受某个航空公司提出对其公司在等待队列中的某架飞机实施提前着陆的请求，同时对此公司在等待队列中的另一架飞机实施延误处理。航空公司做出延误交换决定以及是否进行延误交换时需考虑以下因素：机组成员的状态、乘客的连续性（对下一航班的转机要求）、重要航班的往返时间、准点要求、油料情况及跑道情况。

（六）滑动排序窗算法

排序窗算法的理论根据在于：优化排序的过程就是对原有的飞机队列进行重排，重新确定每架飞机在新队列中的位置。在确定新队列的某个或某些位置时，由于约束交换范围的限制，并不需要对由整个队列所有飞机所产生的所有可能的排序进行搜索，只需挑出那些与所要确定的位置相关的飞机，然后对由它们产生的可能排序进行搜索，就可找到所需要的优化排序结果。

第二节　自适应滑动窗降落排序模型

由于降落航班排序是一种典型的任务排序问题,可以使用排序理论求解：例如通过枚举所有可能的飞机队列的深度优先算法。但由于航班排序的特殊性，一些方法不能完全解决实际需要，并且优化结果仅侧重于对经济损失和延误时间的减少，并不完全符合实际空中交通管制需求。实际上出于对飞行安全的考虑，应该尽量减少飞机的空中等待时间，即利用机场现有资源，在确保飞行安全间隔的基础上，提高空域的使用率，在有限时间内尽量安排航班降落。基于以上研究，本节引入了滑动窗思想，采用窗体内航班队列总降落时间最小作为目标函数，能有效减少排序复杂度。并通过仿真试验及数据分析，对重要参数进行修改，提出自适应滑动窗算法，仿真结果表明该算法能自适应调节窗口大小和滑动步长，能安排航班按照合理次序安全降落。

一、传统滑动窗模型分析

航班排序的实质就是对飞机的进近次序位置进行排列，使航班序列总的降落时间最短。当飞机为 N 架次时，其下降次序的全排列情况有 $N!$ 种，如果 N 较大，排序计算量很大。而且实际情况中，对航班的前提和延误调整都是以经济和安全损失为基础的，所以排序前后航班的相对位置不能产生太大的改变。因此许多种排列情况不能符合实际管制需求。基于以上分析，我们提出了滑动窗优化方法。其主要思想是用滑动窗限制排序航班的个数。这样航班排序前后位置仅在一个小范围内改变，滑动窗优化过程为：对航班序列中前 L 个航班进行全排序，以总的降落时间最短为目标函数得到最优排序，将窗体顺序移动 S，直到遍历完所有航班。

定义如下变量：

（1） $F = \{f_1, f_2, \cdots, f_N\}$：请起飞降落的降落航班集合， $i \in [1,N]$ ， $f_i \in F$ 。

（2） L：滑动窗窗体长度。

（3） S：滑动窗滑行步长。

（4） ETA_i：航班 f_i 预计降落时间。

（5） STA_i：航班 f_i 排序后降落时间。

（6） $Z_{i,j}$：表示当航班 f_i 为前机时，航班 f_j 为后机需要最小间隔时间。 $Z_{i,j}$ 取值由机型、天气情况、机场情况等因素决定。

目标函数：

$$\min \sum_{q_i \in Q_k, i=1, j=i+1}^{S-1} Z_{i,j} \tag{6-1}$$

其中 Q_k 为滑动窗中航班全排列的第 k 次排序结果， q_1 为 Q_k 中第一架航班。

约束函数：

$$STA_i \geqslant ETA_i \tag{6-2}$$

$$STA_i - STA_j \geqslant Z_{i,j} \tag{6-3}$$

滑动窗的算法步骤如下：

Step1：以 ETA_i 升序将航班序列 F 排序；

Step2：遍历航班序列 F，从第 1 航班到第 L 个航班归入一个滑动窗；

Step3：将滑动窗中航班进行全排序，存在一个排序结果 Q_k，满足目标函数（6-1）；

Step4：满足约束函数（6-2）（6-3），如果 F 还有航班未归入此滑动窗。计算 Q_k 中的前 S 个航班的 ETA_i。如果 F 中所有航班都归入此滑动窗，计算 Q_k 中的所有航班的 STA_i；

Step5：更新航班序列：

$$F = F - q_i, \text{其中 } q_i \in Q_k \text{ 且 } i \in [1,S] \tag{6-4}$$

$$F = F - q_i \text{其中 } q_i \in Q_k \text{ 且 } i \in [1,L] \tag{6-5}$$

Step6：转 Step2 直到 F 为空。

根据上述算法可以得到滑动窗计算量为：

$$\left\lfloor \frac{N-L}{S} \right\rfloor_{取整} L!+ \left[N - S \left\lfloor \frac{N-L}{S} \right\rfloor_{取整} \right]! \tag{6-6}$$

当 $0 < L < N$，$S = 1$ 时，滑动窗算法将对 $L!(N-L+1)$ 种情况进行计算。而全排列时，将对 $N!$ 种情况进行计算。

$$N! - L!(N-L+1) = N(N-1)! - L!(N-L+1)$$
$$\geq NL! - L!(N-L+S) = L!(L-1) \geq 0$$

所以滑动窗算法能有效减少运算量，且不漏掉有效序列。下面证明当 $S = 1$ 时，L 减少，计算量也减少。

证明：设 $0 < L_2 < L_1 < N$，$L_1 = L_2 + 1$
$$L_1!(N-L_1+1) - L_2!(N-L_2+1)$$
$$= (L_2+1)!(N-L_2-1+1) - L_2!(N-L_2+1)$$
$$= L_2!(L_2^2 - NL_2 + 1)$$

由于 N 和 L_2 均为正整数且 $L_2 < N$，可知仅当存在 $L_2 = N/2$ 时，滑动窗长度加 1，计算量不变。除此以外，滑动窗长度越长，计算量越大。由此可知，当 $L = N$ 时，滑动窗包括所有航班，对航班进行全排列，计算量最大为 $N!$。当 $L = S = 1$ 时，滑动窗内仅有一个航班，计算量最小为 N。

当滑动窗滑动步长 $L \geq S > 1$ 时，根据公式（6-6）可以推出 S 越大计算量越小。

由于最佳排序方案可能会使原队列的次序改变较大，这不仅加剧了管制员负担，而且与先到先服务的原则冲突较大，降低了不同航班的公平性，从而增加了实现的难度。因此在确定排序算法时，不仅需要评估算法的复杂度，还需要对排序结果进行评估。下面，我们以成都双流机场为例，选择一天中具有代表性的 11:00—12:00 一个小时内要求降落的 23 架航班进行排序，本实验采用 Visual C++ 作为仿真程序的开发工具，实验输入参数为：1>航班飞行情报，2>由国际民航组织（ICAO）规定的无风情况下各类航班的最小间隔时间，3>L，S 取值。L 取值为 [2, 6]，S 取值为 [1, L]，初始设置为 $L = 2$，$S = 1$，变化步长均为 1。一共得到 20 次排序结果，这里用偏差率表示某次实验结果与先来先服务评估参数的偏差百分比。由于篇幅限制，仅列出每次排序评估参数（延误总时间、降落总时间、平均延误时间、延误标准差）偏差率变化趋势。

由于采用降落总时间最小为目标函数，故大部分排序结果的总降落服务时间较短，其中当 $L = 5$，$S = 3$ 时，23 架航班降落总时间 1 940 s，而先来先服务的降落总时间为 2 035 s，节约了 4.67%。但是由于对滑动窗内航班进行排序枚举，最优的排序结果可能会引起航班相对位移的较大改变。故其他参数大于先来先服务算法。例如在 $L = 6$，$S = 1$ 时，延误标准差为 436.963 7 s，增加了 320.1473%，说明这种取值方案排序后各个航班位置改变最大，管制工作负荷最高。可以发现图中各参数偏差率基本呈波形变化趋势。当 L 增加时，波峰值增大，各评估参数呈总体增长的趋势。这是由于滑动窗窗体变大，窗内航班个数增加，窗内航班可以移动的距离变大，故平均延误时间和延误标准差都增加了很多，而航班的大量延误也导致了降落总时间的增加，所以 L 大小与排序优化程度呈反比。当 S 增加时，波形呈下降趋势，各评估参数基本减小。这是由于滑动窗滑动步长增加，每次滑动后加入下个滑动窗的航班数量减少，发生远距离移动的航班数量也会因此减少。所以 S 的增加与优化程度呈正比。图 6-2 为当 $L=3$，S 取值不同时，各个航班排序后的时间分布图。由图 6-2 可知，$S=1$ 时，各航班排序与原计划队列相差较大，个别航班排序前后降落时间差别很大，例如航班 8 和 13。$S=3$ 时，航班排序后时间分布趋势与计划基本相同。而 $S=2$ 时，航班降落时间分布介于二者之间。根据图 6-2 所示，当 $S=3$ 时，排序评估参数综合最优。

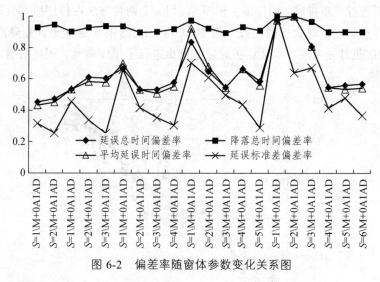

图 6-2 偏差率随窗体参数变化关系图

二、自适应窗体参数定义

根据仿真数据分析，可以发现滑动窗对排序优化的效果不明显，这是由于对在实际的空中交通管制中，航班降落时间分布并不均匀。航班密度大的时间段内，滑动窗口过大可能使原本相差时间较长的航班归入同一窗口进行排序，结果会导致个别航班的过度延误。而在密度小的时间段内，滑动窗口过小可能会使间隔很小的航班分批调整，某些优化调整无法实施。并且滑动步长与窗口长度有关，将两者设置为固定值，不能满足实际管制中航班疏密程度变化的需求。这里我们改进滑动窗算法，使窗口大小和滑动步长自适应调整。

在滑动窗模型基础上加入一个变量 T_{manage}，表示调整范围门限值.即用时间参数来调整滑动窗的大小。计划降落时间差距在 T_{manage} 之内的航班归入一个滑动窗，每次滑动步长为该窗体长度。这样，窗体大小实际上由航班疏密程度调节。当航班密度大时，各航班计划降落时间差距小，窗体内的航班数目多，相对调整程度大，可以对总降落时间进行有效优化。当航班密度小时，各航班计划降落时间差距大，窗体内航班数目小，调整后相对位移小，基本遵循先来先服务原则。由此可知，自适应滑动窗模型能有效解决航班分布不均的情况，适用于实际空中交通管制。

三、仿真结果和数据分析

用先来先服务和自适应滑动窗算法对降落航班进行排序。输入参数有：1>航班飞行情报；2>由国际民航组织（ICAO）规定的无风情况下各类航班的最小间隔时间；3>$T_{manage}=180$ s。具体如图 6-3 和图 6-4 所示。

先来先服务算法不改变航班的原始排序，在航班密度增大时，采用了整体序列依次延误的方法，排序前后航班相对次序不变。而自适应时间窗模型以降落时间最小为目标函数，对航班进行重新排序。由图 6-3 和图 6-4 可知，两种方法在排序后部分航班降落时间相同，而在航班密度较大的时间段，例如 11:13—11:15 有 3 架航班计划降落，11:26—11:29 有 4 架航班计划降落，本文算法对这些航班进行了排序调整，调整的航班个数和调整程度都较小。

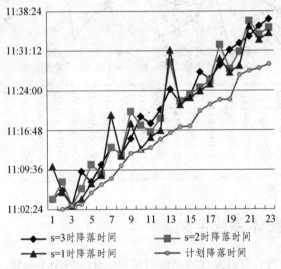

图 6-3　先来先服务与自适应滑动窗仿真结果比较

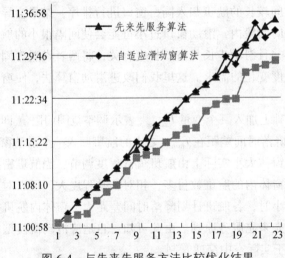

图 6-4　与先来先服务方法比较优化结果

根据评价参数的统计可知，虽然本文算法调整了航班的次序，但是调整程度较小，调整后航班平均位移减少，更利于管制员操作。而且本文算法以降落总时间最小为规划目标，规划后降落总时间为算法修改前仿真结果的较小值，说明修改后没有减少对降落总时间的控制程度，并且减少了延误总时间，体现了本文算法的优化程度。

表 6-1　先来先服务与自适应滑动窗仿真评估比较

算法	延误航班个数 /架次	平均延误时间 /s	延误标准差 /s	降落总时间 /s	延误总时间 /s
自适应滑动窗	22	236.5	103.308 2	1 995	5 203
先来先服务	22	231.173 9	104.002 5	2 035	5 317

第三节　考虑回溯与交换的降落航班排序模型

以尽量接近实际管制方法为基础，在确保飞行安全间隔的前提下，引入回溯和交换机制，充分利用空余时间，在尽量短的时间内，尽可能多安排航班按照合理次序安全降落。模型同时考虑了排序对整个航班序列降落所需时间（累积降落时间）和延误总时间的影响，根据决策者对两者不同的重视程度，可灵活地得到不同的排序结果，从而为管制员提供兼顾可操作性和优化性的决策支持，减轻管制员工作负荷。

一、问题提出

本节模型以先来先服务为原则，顺序遍历航班队列，为每个降落航班分配最优序位。如果遍历到某航班 f_i 时，若有已分配了序位 n 的航班 f_j 与 f_i 的计划降落时间很接近，首先用回溯法对 f_j 作前提调整，使其提前降落。若无法前提，则求 f_i 与 f_j 的交换因子。若交换因子大于 0，则执行交换操作，即将 f_i 交换至序位 n，f_j 向后顺延一个序位，并根据约束条件确定排序后的降落时间。

定义以下重要变量：

（1）$F = \{f_1, f_2, \cdots, f_N\}$：请求降落的航班集合。$i \in [1, N]$，$f_i \in F$。

（2）t_{start}：排序开始时刻。

（3）$SN = \{1, \cdots, N\}$：序位集合。航班在排序之后各分配一个序位，即得到一个新的排序位置。例如：f_i 分配到序位 n，意义为调整后 f_i 第 n 个降落。其中各序位按顺序分配，即分配第 n 个序位时，前 $n-1$ 个序位已经被分配。

（4）ETA_i：航班 f_i 预计降落时间。

（5）STA_i：航班 f_i 排序后降落时间。

（6）$Z_{i,j}$：表示当航班 f_i 为前机时，航班 f_j 为后机需要最小间隔时间。$Z_{i,j}$ 取值由机型、天气情况、机场情况等因素决定。

（7）$R: f_i \to n$，$R(f_i) = n$。序位分配映射，表示航班 f_i 分配到了第 n 个序位，R 为

一对一映射关系。其反函数为 $\arg R(n) = f_i$。

（8） $\mathrm{d}t_{i,n}$：航班 f_i 在第 n 个序位降落时产生的延误时间，单位：s。

$$\mathrm{d}t_{i,n} = \begin{cases} STA_i - ETA_i & STA_i > ETA_i \\ 0 & STA_i \leqslant ETA_i \end{cases} \quad （6\text{-}7）$$

（9） t_{advance}：表示前提时间门限值，单位：s。

（10） $p_{i,n}$：交换因子，航班 f_i 交换至序位 n 的优化度。本文模型中，航班交换因子由累积降落时间和单个航班的延误时间综合确定。

二、模型建立

（一）约束条件

降落时间约束：

$$STA_i \geqslant ETA_i - d_{\mathrm{advance}} \quad （6\text{-}8）$$

最小间隔约束：

$$STA_j \geqslant STA_i + Z_{i,j} \quad （6\text{-}9）$$

（二）回溯深度

回溯的实质是：f_i 与 f_j 计划降落时间差距很小时，首先考虑 f_j 是否能提前到达，这样能充分利用航班之间的空余时间片，使后续航班的延误减少。回溯深度 N_{deep} 指在寻找富余时间时，向前搜索的序位个数，即在讨论序位 n 的分配时，先判断分配了 $n-1$ 至 $n-N_{\mathrm{deep}}$ 序位的航班可否提前降落。

由约束公式（6-9）可知，回溯第 1 次能利用的空余时间长度为

$$\Delta t_{n,1} = \min\{d_{\mathrm{advance}}, STA_{\arg R(n-1)} - STA_{\arg R(n)} - Z_{\arg R(n-1),\arg R(n)}\} \quad （6\text{-}10）$$

同理可得当回溯到第 k 次，$k \in [1, N_{\mathrm{deep}}]$ 时，空余时间为

$$\Delta t_{n,k} = \min\{d_{\mathrm{advance}}, STA_{\arg R(n-k)} - STA_{\arg R(n-k+1)} - Z_{\arg R(n-k),\arg R(n-k+1)}\} \quad （6\text{-}11）$$

每回溯一次，可以调整后续航班降落时间为

$$STA_m = STA_m - \Delta t_{n,k}，\text{其中} R(f_m) > n-k \quad （6\text{-}12）$$

其中，如果满足

$$\sum_{k=1}^{N_{\mathrm{deep}}} \Delta t_{n,k} = d_{\mathrm{advance}} \quad （6\text{-}13）$$

则回溯停止。这是由于根据约束公式（6-8），在回溯过程中，个别航班的前提时间已达门限值，无法再提前，该航班之前的空余时间无法利用，结束回溯。当回溯得到的前提时间不为 0，这时延误时间已经尽量缩短，可以将 f_i 安排在 f_j 之后降落。实际的空中交通

管制中，提前降落需要航班加速飞行，是以提高飞行成本为代价的。所以一般情况下，航班前门限值 $t_{\text{advance}} = 60$。

（三）交换因子

航班随着延误时间和序位的不同，交换因子应有相应的改变。本文模型定义了根据延误时间、累积降落时间综合变化的交换因子。

定义交换因子为：

$$p_{i,n} = \omega_1 dt'_{i,n} + \omega_2 z'_{i,n} \qquad (6\text{-}14)$$

其中，$dt'_{i,n}$ 是航班 f_i 竞争序位 n 的延误因子。设序位 n 先分配给了航班 f_j，定义

$$dt'_{i,n} = dt_{i,n} / dt_{j,n} - 1 \qquad (6\text{-}15)$$

$z'_{i,n}$ 是航班 f_i 竞争序位 n 的累积降落因子。其中 $\arg R(n-1)$ 为分配到序位 $n-1$ 的航班。设序位 n 先分配给了航班 f_j，定义：

$$z'_{i,n} = \frac{z_{\arg R(n-1),i} - z_{\arg R(n-1),j}}{z_{j,i} - z_{i,j}} - 1 \qquad (6\text{-}16)$$

ω_1, ω_2 为各个因素在的权值，表示在分配序位时不同因素的重要程度，其中

$$\omega_1 + \omega_2 = 1, \quad \omega_1 > 0, \omega_2 > 0 \qquad (6\text{-}17)$$

航班的交换因子 $p_{i,n}$ 由两部分组成：延误因子和累计降落因子。$dt'_{i,n}$ 表示交换操作对延误时间的优化程度。$z'_{i,n}$ 表示交换操作对累积降落时间的优化程度。两者在决策中的重要性由权值调节。当两航班预计降落时间相同时，$p_{i,n} > 0$ 时，执行交换操作能减少累计降落时间，证明过程如下。

设航班 f_x 和航班 f_y 的预计降落时间相同，可得

$$ETA_x = ETA_y \Rightarrow dt_{x,n} = dt_{y,n} \Rightarrow dt_{y,n} / dt_{x,n} = 1 \Rightarrow dt'_{y,n} = 0$$

由 $p_{y,n} > 0 \Rightarrow \omega_2 z'_{y,n} > 0 \Rightarrow z'_{y,n} > 0$ 由公式（6-14）可得

$$\frac{z_{\arg R(n-1),x} - z_{\arg R(n-1),y}}{z_{y,x} - z_{x,y}} - 1 > 0 \Rightarrow \frac{z_{\arg R(n-1),x} - z_{\arg R(n-1),y}}{z_{y,x} - z_{x,y}} > 1$$

$$\Rightarrow z_{\arg R(n-1),x} - z_{\arg R(n-1),y} > z_{y,x} - z_{x,y} \Rightarrow z_{\arg R(n-1),x} + z_{x,y} > z_{\arg R(n-1),y} + z_{y,x}$$

上式说明：将航班 f_y 与 f_x 的次序交换，所需的最小间隔时间之和减少，降落所需总时间也因此减少。

同样，当航班 f_y 与 f_x 交换次序，所需的最小间隔时间之和相同时。

若 $p_{y,n} > 0$，执行交换操作能减少延误时间，证明如下：

由条件可得

$$z_{\arg R(n-1),x} + z_{x,y} = z_{\arg R(n-1),y} + z_{y,x} \Rightarrow z'_{y,n} = 0$$

由于 $p_{y,n} > 0 \Rightarrow \omega_1 dt'_{y,n} > 0 \Rightarrow dt'_{y,n} > 0$

$$\Rightarrow dt_{y,n}/dt_{x,n} > 1 \Rightarrow dt_{y,n} > dt_{x,n} \Rightarrow ETA_y > ETA_x$$

由于预计到达时间早的航班排序越靠后，其延误时间越长。故交换 f_y 与 f_x 能减少单个航班的延误时间。

由上可知：在相同条件下，延误时间越长或者与前机最小间隔时间越短的航班，其交换因子越大，能交换至前面的序位。由于累积降落时间为各个航班与前机的最小间隔的累加值，延误总时间为各个航班延误时间的和，即 $\sum\limits_{R(f_i)=n-1,R(f_j)=n,n=\{1,\dots N\}} Z_{i,j}$ 和 $\sum\limits_{f_k \in F, R(f_k)=n} (dt_{k,n})$，因此以 ω_1, ω_2 为优先级权重，能有效控制累积降落时间和延误总时间。

（四）算法步骤

Step1：根据航班原始信息，以 ETA_i 升序对 F 进行排序。根据机场容量、天气等情况，初始化各种机型的最小间隔时间 $Z_{i,j}$，令 $t_{\text{current}} = t_{\text{start}}$。

Step2：按顺序遍历集合 F 中元素，若有 f_i，满足 $ETA_i \leqslant t_{\text{current}}$，转 Step3。若不存在这样的航班，转 Step9。

Step3：遍历已分配序位的航班，若存在 f_j 满足 $\left| t_{\text{current}} - STA_j \right| \leqslant d_{\text{advance}}$，转 Step4；若不存在这样的航班，按式（6-18）计算 $R(f_i)$ 并转 Step8；

$$R(f_i) = \min_{n \in SN}\{n\} \tag{6-18}$$

Step4：设 $R(f_j) = n$，回溯 N_{deep} 个序位，得到每次回溯空余时间 $\Delta t_{n,k}$，并根据顺序向前调整后续航班的降落时间。若满足下式，转 Step5，否则转 Step6。

$$\sum_{k=1}^{N_{\text{deep}}} \Delta t_{n,k} > 0 \tag{6-19}$$

Step5：令 $R(f_i) = n+1$，转 Step7。

Step6：计算 $p_{i,n}$，若 $p_{i,n} > 0$，$R(f_i) = n$，$R(f_j) = n+1$，若 $p_{i,n} \leqslant 0$，$R(f_i) = n+1$。转 Step7；

Step7：若存在 $R(f_m) = n+1, m \neq i, j$，计算时间偏移量：

$$\text{若 } R(f_i) = n+1, \quad offset = Z_{i,m} - Z_{j,m} + Z_{j,i} \tag{6-20}$$

$$\text{若 } R(f_i) = n, \quad offset = Z_{\arg R(n-1),i} - Z_{\arg R(n-1),j} + Z_{i,j} \tag{6-21}$$

若存在 $f_m, R(f_m) > n, m \neq i, j$，计算公式（6-22），转 Step8。

$$R(f_m) = R(f_m) + 1, \quad STA_m = STA_m + offset \tag{6-22}$$

Step8：根据公式（6-8）（6-9）得 STA_i，STA_j，计算公式（6-23），转 Step9。

$$\sum_{k=1}^{N_{\text{deep}}} \Delta t_{n,k} > 0, \quad F = F - \{f_i\}, \quad SN = SN - \min_{n \in SN}\{n\} \tag{6-23}$$

Step9：令 $t_{\text{current}} = t_{\text{current}} + 1$，转 Step2。直到 F 为空。

本文模型使用的算法分为两部分，先对航班序列以 ETA 排序，再遍历航班进行回溯和交换，两部分顺序执行。

其中第一部分算法的核心语句执行频度为 n^2。第二部分中，为每个航班分配序位时，回溯功能实现需要循环 N_{deep}，交换后修改 STA 时间需要循环 N_{deep}。考虑最坏的情况，算法的每个分支、循环都运行一遍，得到的算法时间复杂度为：

$$T(n) = O[n^2 + n \times (N_{\text{deep}} + N_{\text{deep}})] = O(n^2) \tag{6-24}$$

三、仿真实验与结果分析

本节仿真实验采用 Visual C++ 作为仿真程序的开发工具，实验内容分四部分：① 确定 N_{deep} 取值对排序结果的影响；② 确定交换权值 ω_1, ω_2 对排序结果的影响；③ 与先来先服务算法比较，验证本文模型的优化性；④ 利用优化结果对飞行态势进行仿真显示，直观对比优化前后的流量变化。

（一）回溯深度实验

计算机随机生成的航班个数相同，拥挤率（航班序列中与前机的时间间隔小于最小时间间隔的航班个数占总航班数的百分比）不同的航班序列。实验中输入的参数为：1>12 个随机产生的航班序列，拥挤率范围为 59%～95%；2> $t_{advance}=60$；3>由国际民航组织（ICAO）规定的无风情况下各类航班的最小间隔时间；4> $\omega_1=0.5$，$\omega_2=0.5$。5> N_{deep} 取值，初始 $N_{deep}=1$，每次调节步长为 1。共得到 60 次仿真排序结果。评估参数为：总延误时间（单位：s）和调整时间标准差（单位：s）。仿真结果如图 6-5 所示。

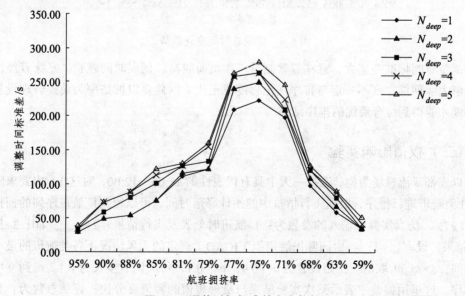

图 6-5　调整时间标准差变化趋势

由图 6-5 可知，当拥挤率为 77%、74%、71% 时，调整时间标准差在 200 ~ 280 s 浮动，说明这种情况下排序后航班调整力度较大，并且随 N_{deep} 变化显著。因为多次回溯可以有效利用多个航班之间的有限空余时间，故回溯次数越多，航班调整次数也越多，调整时间增长。当拥挤率为 95%、59%、90% 时，调整时间标准差较小，随回溯深度变化也不明显。这说明在拥挤率很大的情况下，可以利用的时间很少。大部分航班都只能在较小的范围内调整。而在拥挤率小的情况下，降落时间分布稀疏，一次时间的调整可以满足多个航班的排序需求，多次回溯效果相同，故两种情况下调整时间标准差变化较小。

由图 6-6 可知，延误总时间随拥挤率减少而降低，随回溯深度增加的变化不显著，特别在拥挤率在 84% 的情况下，当回溯深度变化到 3 时，延误耗损总时间从 9 497 s 减少到 8 330 s，说明多了一层回溯，利用了较多的前提空间，但当回溯深度进一步增大时，延误总时间又增加至 8 400 s，航班之间最小时间间隔累积过大，也会使延误总时间增加。

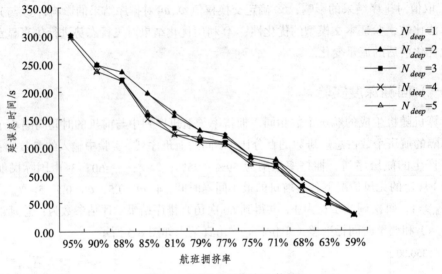

图 6-6　延误总时间变化趋势

调整时间标准差越大，意味着管制员工作负荷越高，延误时间越长，意味着经济损失也越大。回溯深度不一定与排序优化程度成正比。因此要以拥挤率为前提合理设置回溯深度才能得到综合最优的排序结果。

（二）权值影响实验

以成都双流机场为例，选择一天中具有代表性的 11:00—12:00，对这 1 h 内要求降落的 23 架航班进行排序，根据飞行情报中的预计降落时间，可以得到该航班序列的拥挤率为 77.27%。仿真实验中输入的参数为：1> 航班时刻表及飞行情报；2> $t_{advance}$ =60；3> 根据 3.1 结果，设 N_{deep} =1；4> 由国际民航组织（ICAO）规定的无风情况下各类航班的最小间隔时间；5> ω_1，ω_2 取值。初始设置为 ω_1 =0.9，ω_2 =0.1，每次调节步长为 0.1。得到 9 次仿真排序。这里用偏差率表示某次实验结果与最理想值的差值百分比。评估参数为：总延误时间偏差率、调整时间标准差偏差率和累积降落时间偏差率。

由图 6-7 可知，在权值变化过程中，延误总时间与累积降落时间变化趋势相反。当 ω_1 较大时，延误因子是影响交换的主要因素，排序采用顺序延误调整，延误总时间总体减少。由于原始数据的拥挤率约为 77%，排序靠后的航班将产生较大程度的延误，故调整时间标准偏差率较大。当 ω_2 较大时，累积降落因子是影响交换的主要因素，累积降落时间相应减少，但由于过多地调整了航班次序，各个航班调整时间也相应变大。因此，要达到减少延误并且增加降落流量的目的，需要合理调整权值。由图 6-7 可知，第 5 与第 6 试验结果较为接近，偏差值较小，求得偏差率之和为 0.071 326 和 0.063 187，基本上达到综合较优的结果。进一比较细化可知当设置了参数 $\omega_1 = 0.45, \omega_2 = 0.55$ 时，三个偏差率和为 0.059 025，为各试验所得偏差率之和的最小值，即与全部试验中产生的三个评估参数最小值的偏差程度最小，排序结果的各个评估参数综合最优。

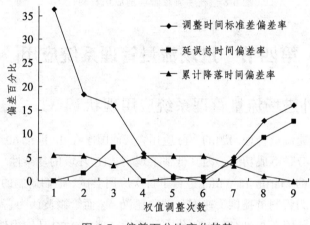

图 6-7　偏差百分比变化趋势

（三）飞行态势仿真实验

根据权重影响实验的优化结果、飞行计划航路串、气象数据、机型性能参数和机场标高和计划航迹等信息推算得到四维轨迹，模拟航班飞行过程。图 6-8 为成都双流机场 11：00 的飞行态势仿真截图，左右两图分别为根据原始飞行计划和本文模型优化后的飞行计划得到的飞行态势。可观察到，左图中航班分布密集，尤其在扇区 CYAPPS（图中所示深灰色区域）中，9 架航班位置较为接近。在实际的交通管制中，需要对此 9 架航班进行速度或者高度的调整，增加了管制员的工作负荷。而在右图中，扇区 CYAPPS 中航班个数为 6 架，且位置分布均匀，成队列状，这是由于部分航班采取了延迟降落的调整措施，因此在走廊口等待的航班个数相应增加。通过仿真可直观发现，通过优化后的航班队列更易于管制员指挥降落，扇区内航班拥挤现象得到调节，本文模型对机场进近的流量调整有显著作用。

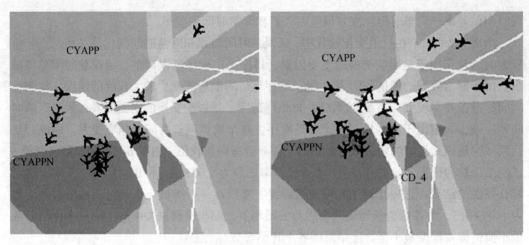

图 6-8 进场流量管理前后仿真对比

第四节   进场流量管理系统应用

一、国内外进场流量管理系统应用现状

终端区空中交通流量管理问题的实际应用，其他国家在 20 世纪 60 年代末就开始了，但应用的尝试大部分是不成功的，因其低估了现实 ATC 环境的复杂性。

1968 年，美国的 Martin 和 Willet 进行了首次应用尝试，他们研制的 Terminal Spacing System 调度工具，为管制员提供了速度和航向建议，然而管制员认为它加重了工作负荷，从而不愿意使用。美国在 20 世纪 70 年代末，开始在现实 ATC 环境中使用基于时间间隔的自动化辅助系统。其西部的空中航路交通管制中心 ARTCC，开始安装使用航路计量系统 ERM（En Route Metering Program），它被称为第一代的时间间隔系统。这两代的时间间隔系统均不对交通流提供任何优化功能。这些系统目前仍在美国的 ARTCCs 中使用，包括繁忙的 Fort Center 和 Minneapolis Center，以达到提高机场 TRACON 的到达交通流量的目的。

20 世纪 80 年代，德国宇航研究院 DLR 的 Volckers 主持开发了 COMPAS（Computer Oriented Metering Planning and Advisory System）调度系统，它采用分支界定算法对到港航班流进行优化调度。在法兰克福机场的 ATC 中心投入使用。同时在法国，Garcia 开发并使用了 MAESTRO 系统，在巴黎终端区投入使用。但上述系统均没有考虑进场飞机的顺序交换问题。1992 年，澳大利亚 Ljungberg 开发了 OASIS 系统，关于这一系统，目前未见更多的报道，外界对其技术细节尚不清楚。目前最大最复杂的 ATC 自动化系统，应是美国区域进近管制区自动化系统 CTAS（Center-TRACON Automation System），它目前仍处于场地测试阶段。CTAS 诞生自 20 世纪 90 年代末，是 NASA 和 FAA 签署的一项协议，其目标是开发适于其西部的空中航路交通管制中心（ARTCC）、终端雷达进近管制区（TRACON）和塔台管制员使用的高级自动化工具，CTAS 是其中的一项重要成果。到目前为止，CTAS 的重点在于解决到达交通流的管理问题，因为它是引起交通延误和堵塞的主要原因。CTAS 是建立在对飞机四维飞行轨迹的预测上，并根据每隔 5~12 s 的多雷达信号，对飞机的位置和地速进行更新。CTAS 的目的是通过提供各种咨询信息、建议着陆计划和冲突预测来对区域管制（ARTCC）和进近管制（TRACON）管制员进行辅助。CTAS 中处理到港航班的主要模块是交通管理顾问 TMA（Traffic Management Advisor）。TMA 通过计算飞机到达固定点的时间，调节到港需求和容量，有效地计量到港流量。TMA 使用一个基于图形化的交通流量可视化用户界面，提供飞机到达预测时间，限制条件下飞机计划到达时间和延迟信息等。TMA 基于各种信息提供飞机的详细信息，专家可以更多注意中心和 TRACON 空域的到达情况。因此，在他们的交通管制决策中能考虑预测的状况。TMA 允许根据需求增加机场到港接受率，平滑到港流量，更好地分配延迟，并提供准确的信息给专家。场地测试资料显示，CTAS 的应用可使航空公司每天从中得益的费用超过 10 000 美元。

在 2000 年，澳大利亚悉尼安装了 MAESTRO 进港排队辅助决策系统（AMAN），该系统与其使用的 Eurocat 管制自动化系统相结合，有效地降低了区域和进近管制员的工作负荷，达到了加速进入终端区流量并降低延误的目的。2003 年，澳大利亚民航局在墨尔本和布里斯班机场也建设了 MAESTRO 系统。AMAN 的工作原理是：首先通过雷达信息和飞行计划计算出航空器预计落地时间，然后根据航空器预计落地时间、航空器进港航路、跑道使用方式等因素，动态地自动优化计算航空器的落地排序和时间，给管制员提供航空器进近的综合信息及参考管制辅助建议。目前欧洲很多机场都在使用 AMAN 和 DMAN，使每架飞机的降落时间平均减少 1.1 min，大幅降低油耗，每月可节省价值 130 万美元的燃油。

国内终端区到港流量优化系统按照飞机进入进近的次序，运用某种规则确定新的降落时间，使得飞机队列有序降落。模型计算结果仅给出航班调整后降落时间和降落次序，并未给出航班的进近路径，速度、高度变化等信息。因此这些系统仅限于实验及模型验证阶段，并未真正在实际中应用。

二、流量管理系统功能介绍

终端区到港航班优化排序模块属于战术流量协同管理的范畴。终端区到港航班优化排序工具首先通过雷达信息和飞行计划计算出航空器预计落地时间，然后根据航空器预计落地时间、航空器进港航路、跑道使用方式等因素，动态地自动优化和计算航空器的落地排序和时间，给管制员提供航空器进近的综合信息及参考管制辅助建议，主要包括如下功能。

（1）优化航班进港排序，提高机场流量水平。

（2）向管制员提供进港排序的管制决策建议，优化机场附近终端区/进近以及部分区域范围内空中交通秩序，缩短航空器进近时间，提高跑道使用率。

（3）增强特殊情况下雷达管制员处置进港航班的能力。

终端区航班排序作为空管自动化系统的重要功能，旨在有限的空域环境下最大限度地提高空域使用效率和跑道利用率，使空管自动化系统能更好地与机场和航空公司实现数据共享，使其与空管部门运行更为协调。终端区航班排序以民航空管自动化系统的数据为基础，结合航空公司和机场数据，通过科学的方法对大型机场，甚至整个终端区内的航班进行跟踪，优化进港的次序，并向管制员提供管制建议。作为一线管制系统的重要决策工具，终端区到港航班优化排序工具给出的排队信息和管制建议并不作为强制性命令，只作为管制员指挥的参考，目的是提高管制效率，同时减轻管制员的压力。即使在意外条件下排队系统失效，也不会造成空管自动化系统的降级或失效，管制员仍按照原有管制流程指挥。

终端区航班排序使用四维坐标，在传统的三维空间坐标基础上增加时间坐标系，将时间因素融入系统计算。四维坐标可以在保证安全的前提下提高进港管理的准确性。基于这些相关数据，系统将产生所有进近的航班飞行计划，并对进港航班进行管理，所有进港信息以适当的方式显示在管制员席位上。

终端区航班排序不断对比计划和实际交通状况，监视并管理航班进近过程。系统预测准确的进近时间，优化跑道使用。管制员可以对进近区域内的航班进行管制操作，调整航班间隔。进近管制员通过雷达屏幕监控每一架进近状态的航班，通过分配航向、速度、高度来引导航班飞行，使进近和着陆的航班不产生冲突。终端区到港航班优化排序工具对所有进港航班进行优化排队，缩小航班的间隔，管制员可以根据民航当局或 ICAO 的标准设定间隔值和修改本场程序。终端区航班排序确保航班的移交更加准确，减少延误，增加空域容量，同时缩小排队间隔。

终端区航班排序通过雷达数据，飞行计划，气象数据，机场信息的综合分析等信息给决策者提供定时更新的排队计划，反映空中实际交通状况。决策者可以根据需要对排队进行人工干预。

终端区到港航班优化排序工具分为两种模式。

（1）自动优化排序：终端区到港航班优化排序工具默认为自动优化排序，这种模式下，系统根据飞行计划、雷达数据、容量信息、空域状态等信息，动态地优化进港排序，计算和显示终端区入口点时间、预计起始进近点时间、FAF、跑道入口点时间、ETA 时间以及空中延误时间（以每 30 s 为单位）等信息，并根据雷达数据，进行实时持续优化。

（2）人工排序：终端区到港航班优化排序工具可以让决策者选择为人工排序模式。在人工排序模式下，优化后的序列可通过区域、进近的管制席与主任管制席进行人工调整，塔台管制席不具备此功能。

当系统监控到终端区将发生拥塞时，向决策者发出拥塞预警，则由决策者调用终端区到港航班优化排序工具对到达终端区的航班进行优化排序。终端区到港航班优化排序工具首先是进行参数设置，参数设置包括如下内容。

（1）关键点选择：选择进行排序的关键点。可以是终端区入口点时间、预计起始进近点时间、FAF、跑道入口点时间、扇区内固定点等，根据机场的空域结构进行适应性参数的生成。

（2）跑道配置：包括跑道的运行模式，跑道的起降方向，跑道的起降比例。

（3）飞机间间隔设置：由管制员设置不同尾流航班之间的间隔需求。

（4）算法选择：先来先服务或优化算法。

（5）优先级设置：可输入航班号，给予高优先级（默认按尾流分配优先级，专机，VIP 航班默认优先级最高）。

参数设置窗口如图 6-9 所示。

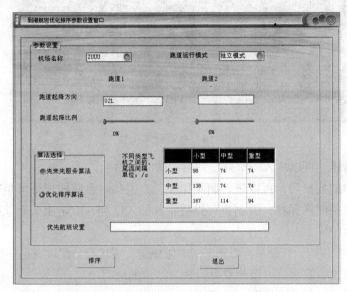

图 6-9　终端区航班优化排序参数设置窗口

参数设置后，点击排序则进入自动排序窗口。自动排序窗口和人工排序窗口类似，采用时间线的显示方式。区域管制席位可根据需要选择多个排序的关键点（如扇区穿越点，航路汇聚点等），每个关键点以一条时间线的方式表示。进近管制席位可显示进近空域内的跑道和交汇点的排序时间轴。

根据航班的预计到达时间显示的时间线窗口。该窗口的纵向表示小时，横向表示分钟，列出选择关键点在对应时间内到达的航班，根据它们的排序到达时间，显示到相应的时间轴位置，方便决策者直观地查看。时间线显示了航班的一些关键信息，如呼号、机型、到港时间、延误时间。点击时间线上对应的航班，可查看航班的详细信息，如呼号、机型、预计到达时间、排序到达时间、起飞机场、起飞时间、降落机场等。

自动排序窗口实现效果如图 6-10 所示。

通过点击人工排序按钮，来进入人工排序模式。人工排序模式下，航班的初始方案为自动排序提供的方案，决策者可以根据需要进行修改。

通过点击航班信息列表中的数据，选中航班进行修改。

点击更新排序列表按钮，系统在人工排序的序列基础上对到港航班序列进行排序更新。

点击设置间隔按钮，可以设置一对飞机之间的间距。

点击拖动按钮，可以对选中航班进行上下拖动。

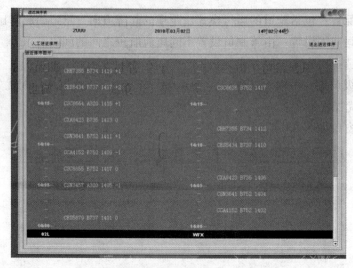

图 6-10 自动排序窗口

点击插入按钮，可以插入一个航班到对应的时间轴上。

选中列表中的数据后，可以进行删除操作，点击临时删除按钮则可删除选中航班，但航班的序号在临时区保存，管制员可以再将其插入队列；点击永久删除按钮则可删除航班不再参与排序。

点击预留时隙按钮，管制员可以将某一时隙保留，不进行分配以满足一些特殊的需求。

点击显示设置，管制员可以改变时间线上显示的内容项。

人工排序窗口实现效果如图 6-11 所示。

图 6-11 人工排序窗

第七章　区域流量管理策略

当航路或空域受恶劣天气、军事活动等情况的影响，需要航空器按照指定的间隔要求通过某个定位点、航路或者空域时，常采用尾随间隔方法限制航路入口点或出口点的飞行间隔，以优化区域航路上的航空器分布密度，达到调整航路流量的目的。关键点的流量限制和尾随间隔策略能有效减少区域入界流量，但当流量限制较大或实施时间较长，会导致上游空域区域航空器出现较长时间的空中等待或者造成流量拥堵，因此如何基于尾随间隔策略推测区域流量变化，及时预测拥堵的产生及扩散趋势，是当前区域流量管理研究的热点问题。

第一节　区域流量管理概述

一、区域管制范围及职责

区域管制是指飞机飞离起飞航空站区域以后，至着陆航空站区域以前，全航线飞行过程中所实施的空中交通管制。区域管制为在航线上飞行的航空器提供管制服务，每个区域管制中心负责一定区域上空的航路、航线网的空中交通管理。

区域管制的范围是 A 类和 B 类空域，即除塔台管制与进近管制之外的管制空域。我国民航将 A、B 类管制空域分别划分为若干区域管制单位来负责提供管制服务，每个单位又根据航路负责程度，航班流量划分若干管制扇区。区域管制的工作任务是根据飞机的飞行计划，批准飞机在其管制区内的飞行，保证飞行的间隔，提供管制、情报和告警服务，然后把飞机移交到相邻空域，或把到达目的地的飞机移交给进近管制。

区域管制的职责包括以下几个方面的内容。

（1）监督航路上航空器的飞行活动，及时向航空器发布空中飞行情报。充分利用通信、导航、雷达设备，准确、连续不断地掌握飞行动态，随时掌握空中航空器的位置、航迹、高度，及时通报可能形成相互接近的飞行情报，使航空器保持规定的航路和高度飞行。

（2）掌握天气变化情况，及时向航空器通报有关天气情报。及时向航空器通报天气实况和危险天气的发展趋势，当遇到天气突变或航空器报告有危险天气时，按照规定引导航空器绕越。

（3）准确计算航行诸元，及时给予驾驶员管制指令。根据航空器报告和实际飞行情况，管制员应掌握其航行诸元和续航时间，尤其是当航线上有大的逆风或者是在绕飞危险天气时，应计算和考虑航空器的续航能力，及时建议驾驶员继续飞行、返航或改航至就近机场着陆等。

（4）妥善安排航路上航空器之间的间隔，调配飞行冲突。随时掌握并推算空中交通状况，预计相对、追赶、交叉飞行的航空器之间将要发生冲突时，必须主动、及时予以调整，加速和维持有秩序的空中交通活动。

（5）协助驾驶员处置特殊情况。特殊情况的处置主要依靠空勤组根据实际情况采取相应措施，管制员提出必要的建议和提示具有非常重要的作用。

（6）流量管理。已明确知道本责任区除已接受的飞行活动外，在某一时间一定航段内不能容纳其他飞行或只能容纳在某一速率下飞行活动时，应当通知有关空中交通管制单位和经营人或飞经本责任区的航空器机长。

二、空中交通航路

当航空器进入区域范围后，沿固定或非固定航路飞行，因此航路是区域空域的主要组成部分。

航路是指由国家统一划定的具有一定宽度的空中通道。有较完善的通信、导航设备，我国传统地基航路是以导航台连线为中心线确定航路走向，航路宽度通常为 20 kM，最窄处不得小于 8 km。除了利用地基导航台建立的航路外，还可以利用星基导航系统建立所需导航性能（Required Navigation，RNP）航路，基于性能导航（Performance Based Navigation，PBN）航路，区域导航（Regional Area Navigation，RNAV）航路。划定航路的目的是维护空中交通秩序，提高空间利用率，保证飞行安全。航线飞行是指飞机按照班机时刻表和飞行计划在航空站区域以外，沿固定航线和非固定航线的飞行，我国绝大部分民航运输飞行为航线飞行。

2019 年我国民航业完成历史上范围最广、影响最大的一次班机航线调整，新增航路航线里程 9 275 km。我国新建机场——大兴国际机场空域调整方案正式生效运行，由此涉及的新建机场跑道、重大飞行程序调整、重大空域调整和航路航线走向调整共同生效启用。这也是我国民航史上最大范围的空域调整。

此次大兴国际机场空域调整方案整体遵循单向循环设计的思路，进口由原来的 5 个改为 8 个，出口由原来的 6 改为 10 个，北起中蒙边境线，南至桂林管制区，西起内蒙古西部，东至大连管制区，东西横跨 1 350 km，南北纵贯 2 200 km，调整航路航线 200 余条，调整班机航线走向 4 000 多条，预计涉及 5 300 余架次航班；新增航路点 100 余个，全国共有 29 个民航运输机场进行了相应的飞行程序调整。同时对部分航班量 500 架次以上的主干航路进行了平行单向化改造，形成主要国际、国内干线航路来去分开，隔离运行。在优化航路网的基础上重新梳理全国大部分地区空中交通流走向，均衡航班流分布，疏解航路拥堵点，提高了资源要素的配置效率。

航路网的完善和扩大有利于空中交通航路资源配置，但复杂的航路结构为区域飞行流量分布和配置增加了难度，当流量较大或空域限制较多时，容易造成流量拥堵或者飞行冲突，因此针对航路关键节点，对区域范围内空中交通流量管理策略进行研究，能有效预测拥堵的产生时间，预防拥堵和冲突。

三、尾随间隔管理

（一）定　义

尾随间隔（Miles-in-Trail，MIT）管理作为空中交通流量管理的重要内容，是我国民航空管部门进行流量控制的主要方式，在实际中通常由管制员根据经验给出，虽然在系统整体容量未接近饱和的情况下可以通过间隔资源吸纳部分拥挤流量以缓解短时间拥塞，但是由于缺乏科学、可靠的策略生成方法和支持系统，这种粗放式的尾随间隔管理模式已无法适应当前不断达到流量动态饱和的空域运行环境；加之尾随间隔值的确定完全依赖于空管人员，随着交通流量的飞速增长，极大增加了管制员工作负荷。因此，建立科学、系统、完备的尾随间隔策略和支持系统，对提高我国流量管理水平，迅速缓解当前空域运行拥挤状况，保障空中交通的顺畅、安全、高效运行，具有十分重要的实用价值。

尾随间隔值通常采用"以公里数为衡量标准的尾随间隔控制"以及"以分钟数为衡量标准的尾随间隔控制"两种形式。前者一般用于雷达管制扇区或区域之间尾流限制，后者用于进近与塔台之间以及涉及程序管制的扇区的间隔控制。两种限制形式可以相互换算，如喷气式飞机的巡航速度大约是 13～15 km/min，所以 5 min 的间隔限制可以被换算为 75 km 的尾随间隔控制。机场塔台管制室的流量管理人员通常会用类似的程序将以公里数为衡量标准的间隔限制转换为跑道上使用的以分钟数为衡量标准的间隔限制。例如：假设塔台雷达显示器可以显示以机场为中心半径为 30 km 的范围，如果给离场航空器以 50 km 的限制，那么雷达显示器就无法帮助流量管理员决定下一架航空器何时离场，这时必须进行换算。航空器在跑道出口的速度大约是 220 km/h（3.7 km/min），并在距机场 50 km 时加速到 500 km/h（8.3 km/min）。因此，流量管理员可假设离场航空器在这个范围内的平均速度约为 6 km/min。根据这个速度，流量管理员可以对起飞航空器给出 8 min 限制就可以满足 50 km 的限制。

（二）尾随间隔管理策略

采用尾随间隔管理策略首先应定义需控制空域的范围、边界节点（Flow Node）、瓶颈点（Post Node）。Post Node 通常为空域中瓶颈点或多航路的汇聚点，并且包含两个以上的边界节点。Flow Node 应为在尾随间隔策略下的进入节点。

其做法为设定一时间间隔（Time Interval）作为最小时间间隔，并以此间隔循环更新，在每个时间间隔中，首先计算在这一时段内（例如间隔设为 5 min）可允许通过 Post Node 的航班总数，接着计算该时段内预计通过 Flow Node 的总航班数，并根据分别通过各点的数目计算每一 Flow Node 可通过航班的比例为多少，依据此比例，计算在通过 Flow Node 时的分配份额比为多少。若预期计算通过 Flow Node 的航班数超过允许通过 Post Node 的航班数或超过该 Flow Node 的分配限额时，利用增加前后机间间隔的方式，使通过瓶颈点的航班综述等于通过各边界节点的航班数或减少预计通过 Flow Node 的航班数，以达到限制流量的目的。

管理时间和空间范围内的交通流也是决定尾随间隔策略的主要因素之一。以中南地区一周的流量为例进行分析。广州终端区的流量特点是：从 8:00 到 22:00 航班小时流量超过 150 架次；8:00 到 9:00 时段是全天的高峰小时，航班量达到 300 架次左右；16:00 到 17:00 时段是全天的次高峰小时，航班量在 200 与 250 架次之间；15:00 到 16:00 时段航班量相对较低；0:00 到 7:00 航班量低于 50 架次。全天高峰时段出现在 8:00 到 9:00，流量 300 架左右，全天谷底时段出现在 3:00 到 4:00，航班流量约为 25 架。为了缓解交通流过大对机场容量造成的压力，需要充分利用流量较小的时段，将高峰小时的航班安排在流量较小的时段，但是由于各航空公司在黄金时段的经济利益原因，目前国内这种方法还很难实现。

（三）尾随间隔对流量分布的影响

针对空中交通流量管理策略进行研究，其中也包括对流量拥堵可能影响的时间、空间范围进行预测，即根据流量控制的产生原因、发生空域、周围飞行流量分布、空域结构等信息对可能发生流量拥塞进行预估计，判断在未来一段时间内，可能波及的空间范围。准确的预测流量控制或拥堵的扩散趋势能为应急处理提供必要的决策支持，能对可能发生但还未发生的容量与流量不平衡事件进行预警。在进行空中交通流量管理的过程中，强调以先期管理为主，实时管理为辅，对流量拥塞问题提前预测能协助管制单位提前进行流量调整，能有效控制流量拥堵和容量减少时间的影响范围，更科学合理地实施应急处置。

一般情况下，当要求的间隔值较大（通常认为 30～50 km）才采用尾随间隔方法，尾随间隔方法还分为指定距离间隔（MIT）和指定时间间隔（MINIT）两种。如果指定间隔值较小，通常应该采用航路点容量来进行总量管理，使航班尽量均匀地通过限制点。

设有空域 A 由于监视设备故障，由雷达管制改为程序管制。在实施程序管制方式的条件下，规定当机型相同的两架飞机处于同航路、同高度时，它们之间需要 10 min 的飞行时间间隔，而雷达管制最少需要 6 km 间隔，相当于 2 min 飞行时间间隔。这就造成在划定的空域内只能容纳较少的航空器，空域容量较低。由此造成了空域 A 的容量与飞行流量的不平衡。目前管制员所采用的方法是：对进入本空域的航班架次实施统一的限制，控制航空器进入管制区的时间间隔，在一定时间范围内航班必须严格按照规定的时间或距离间隔依次通过控制点（入界点）进入空域，从而达到控制流量、缓解拥挤的目的。

由图 7-1 可知，航路 1、2 作为空域 A 的邻近空域节点，两条航路上的航空器分别从入界点 E2、E1 进入空域 A。由于管制方式改变，空域 A 内容量减少，因此会严格限制入界点 E2、E1 进入空域 A 的航空器架次及入界时间间隔。根据飞行流量预测结果，未来一段时间内，航路 2 上有多架航班预计进入空域 A，其飞行间隔小于空域 A 在实施程序管制后的最小入界时间限制，因此航路 2 预计飞行流量超过其出口 E1 的流量限制，由此导致了流量拥挤事件由空域 A 扩散至航路 2，且拥挤时可向节点 B 扩散。为满足航路 2 出口的流量限制，采取的措施为限制入口的航空器进入架次和间隔，从此造成了间隔限制不断向上游空域漫延的趋势。与之不同的是，航路 1 上并未有预计飞往空域 A 的航空器，虽然入界点 E2 也受管制方式变化的影响，设置了入界时间限制，但不对其内部航空器的飞行产生影响，航路 1 不产生流量拥挤现象，因此也不会向其上游空域节点 C 进行扩散。

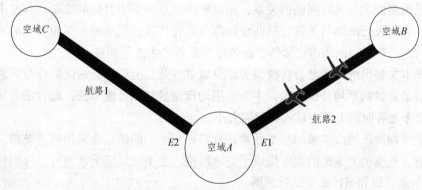

图 7-1　空域结构示意图

由以上分析可知，由于设施设备故障等原因引发空域容量的减少是客观存在的，但是否对所属空域、相邻空域产生影响，是否需要实施流量管理措施调节空域使用冲突，关键在于关注空域的流量大小。由此可知流量拥挤漫延问题研究重点在于飞行流量预测。

从如何正确实施应急处理的角度出发，若能通过预测飞行流量分布特征并结合流量预测、空域运行容量信息给出流量拥挤的预警告警，可以提前针对受波及的空域的容量需求给出流量辅助决策和管制班组配置建议，有效防止拥塞的继续蔓延。

第二节　基于尾随间隔的流量拥塞预测模型

一、入界间隔定义

本节描述流量拥塞预测方法是在研究空域飞行间隔变化的基础上提出的。飞行间隔是指为了防止冲突，保证飞行安全，提高飞行空间和时间利用率所规定的航空器之间应当保持的最小安全距离，包括垂直间隔、纵向间隔、横向间隔。飞行间隔是决定该空域运行容量的决定因素。飞行间隔越大，代表空域内的航空器分布越稀疏，该空域能承载的飞行航班架次越少，空域运行容量越少。空域内的飞行间隔是与空域使用的监视、导航设备、管制方式、空管自动化设施、相邻管制单位移交协议、管制人员工作能力及负荷分配等因素密切相关的。

本节在传统飞行间隔定义的基础上加入对管制方法的理解，定义了"入界间隔"，该间隔是指为保证空域内的容量与流量平衡，由管制单位确定的，从上游空域能够接收进入本空域的前后两架航空器的最小间隔。"入界间隔"的引入同样是为了确保容量与流量平衡，但更着重反映了管制保障能力的强弱，在本文的研究范围内，"入界间隔"仅用时间度量，反映进入某个空域航空器流的疏密程度。

二、问题提出

本节提出的流量拥塞预测方法不从全局考虑，只提取上下游节点的最小间隔，然后分析空域预测流量与入界间隔的关系，是以解决单点冲突为目标的流量、容量平衡度判断方法。它将飞行间隔与预计容量匹配问题分布化计算，先考虑上下游节点的入界间隔值分配问题，然后判断相应点紧邻上游的空域是否产生流量拥挤。

由于本文提出的拥塞波分析模型关心空域节点及其上游空域的流量分布问题，因此不能采用最直接的平均分配方式，本文采用均衡流量间隔分配算法，此方法需结合航班时刻信息考虑各时段上游空域入界间隔大小。

按流量均衡法组成空域的基本元素是航路点，n 个航路点连接构成了航路、航线，n 条航路、航线加上虚拟的边界构成了空域网络，空中交通流量预测可以分别针对航路点、航路/航线段和扇区流量进行预测。

该模型将实际环境抽象成一种网络结构，对网络结构中各航班流视为相当的、无区别的，作用时间长度取 T，并对时间做离散化处理，时间片 $t=1, 2, \cdots, T$。

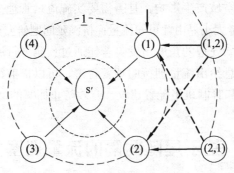

图 7-2   空域结构图

模型用 $G=(N, A)$ 来描述整个网络；N 为网络中的节点；A 代表点与点连接形成的航段。在该网络结构中，$\{S'\}$ 是终节点，是所有流量的汇集点，该点可认为发生流量拥挤的空域节点，其他节点称为普通节点。以终结点为中心将整个网络结构进行分层处理。图 7-2 中可以看出，该区域分为两层，航班流分别从外层节点出发两两汇聚进入内层节点。不同层间节点与节点具有方向的连线表示航段，其中实线表示的是流量比例较大的航班预计航路，虚线表示的是流量比例较小的航路。

用索引号标记层 1 上的四个节点为 {（ζ）}，ζ=1，2，3，4，层 2 上的节点用两个索引来表示，表示为 {（ζ，η）}，其中 η=1，2。因此每个航段（i，j）$\in A$ 都可以用前后节点 {（ζ，η）} 来表示。

三、参数说明

按均衡流量分配入界间隔就是将终点的容量或入界间隔值依据各段预测流量的比例进行分配，分配完成即可得到相应的从各个上游空域进入下游空域的入界间隔值。该方法基于对空域流量的准确预测结果。

参数说明：

C：终节点的可新增容量。

$a(\zeta,t)$：单位时间 t 进入节点 ζ（也即是航段 ζ）的航班架次数。

$d((\zeta,\eta))$：飞机通过航段（ζ，η）的飞行时间。

$U(i,t)$：单位时间 t 可接收的上游航段的航班，用架次数来表示。

$b(i)$：航段 i 理论容量。

$Z(i)$：因容量限制从航段 i 改航走的航班架次数。

V：从起始到结束这 $0 \sim T$ 时间范围内，要进入所考虑区域的所有架次数。

$A(\zeta)$：从起始到结束这 $0 \sim T$ 时间范围内，过点 ζ 的架次数。

根据航班时刻信息，可知每股航班流的具体架次数，即每股流可控架次数已知，用字母 a 表示，$a(\zeta,t)$ 也可表示为预计航班在 $t \sim$（t+1）时段预计进入航段 ζ 的架次数：

$$a(\zeta,t) = \sum_{\eta \in \{1,...,m\}} a((\zeta,\eta),(t-d((\zeta,\eta)))),\forall \zeta \in \{1...n\}\eta \in \{1...m\} \tag{7-1}$$

$a((\zeta,\eta),(t-d((\zeta,\eta))))$ 意义是在 $(t-d((\zeta,\eta))) \sim$（$(t-d((\zeta,\eta))+1$）时段航段（ζ，η）预测流量。由于每个节点都由 m 个上游节点汇聚，所以公式（7-1）等号右边表示上游 m 节点流量和在此条件下与等号左边的下游节点流量相等。

上式用 7-2 图中例子描述为：假设在网络模型中通过航段的时间都为 Δt，分别将要有 5 架和 6 架飞机在 $t \sim$（t+1）时段通过航段（1，1）和（1，2），则在 $t \sim$（$t+\Delta t$）时段中将要有 11 架飞机通过航段 1。

四、均衡流量入界间隔算法

由于恶劣天气等原因造成了扇区或机场的容量下降对 S' 造成影响，在 S' 点形成新的容量值或尾随间隔管理值。该间隔模型从 S' 点开始向上游传播间隔值，与此同时需要计

算从 $0 \sim T$ 控制范围中，通过各个节点和航段上的航班架次数。现以第一层上的节点为例。

$$A(\zeta) = \sum_{t=1}^{T} a(\zeta, t), \quad \zeta = 1, 2, \cdots, n \qquad （7\text{-}2）$$

第一层所有节点在 $0 \sim T$ 时段中通过的飞机架次数即为 $A(\zeta)$ 的求和。

$$V = \sum_{\zeta=1}^{4} A(\zeta) \qquad （7\text{-}3）$$

对第一层上的 n 个节点进行按比例分配，比例为

$$r(\zeta) = \frac{A(\zeta)}{V}, \quad \zeta = 1, 2, \cdots, n \qquad （7\text{-}4）$$

第一层上的节点根据 $r(\zeta)C$ 来进行尾流间隔管理，然而考虑每个航段的 $r(\zeta)C$ 可能会超出最大流量 $b(i)$。因此又需满足下列规则：

遍历 $\zeta = 1, 2, \cdots, n$，若 $r(\zeta)C \leqslant b(\zeta)$，则 $U(\zeta) = r(\zeta)C$，否则令 $U(\zeta) = b(\zeta)$。

上述规则描述的是：若对第一层节点初始按比例分配后，该点到下层点形成的航段中流量小于该航段理论容量的，初始分配不进行更改。相反若大于航段的理论容量的，则需用理论容量来替代。

假设存在这样的节点 $\zeta*$ 其中 $r(\zeta*)C > b(\zeta*)$，就是说明有数量（$r(\zeta*)C - b(\zeta*)$）的飞机未得到安排。因此可以得到节点 $\zeta*$ 的容量与流量不平衡拥挤，则发生流量拥塞预警。

上游普通节点 ζ（$\zeta = 1, 2, \cdots, n$）同样需产生相应传播机制。定义其上游节点为 $\bar{\zeta}$。则满足

$$A((\bar{\zeta}, \eta)) = \sum_{t=1}^{T} a((\bar{\zeta}, \eta), t), \quad \eta = 1, 2, \cdots, n \qquad （7\text{-}5）$$

$$r((\bar{\zeta}, \eta)) = \frac{A((\bar{\zeta}, \eta))}{\sum_{\eta=1}^{n} A((\bar{\zeta}, \eta))}, \quad \eta = 1, 2, \cdots, n \qquad （7\text{-}6）$$

再判断上游 $\zeta*$ 是否满足 $r(\zeta*)C > b(\zeta*)$，判断 $\zeta*$ 容量与流量是否匹配。

五、流量拥塞预测案例

西安管制区作为空中交通的枢纽空域，一直都是流量拥挤的高发区。为了保证空中交通安全，经常通过调节入界间隔的手段对入界航班流量加以限制。因此利用本节提出的均衡流量间隔分配算法对西安管制区产生入界间隔限制后的流量拥塞波扩散过程进行预测。

设由于导航设施设备故障，西安咸阳机场降落容量减少，10:00—12:00 的 2 h 内仅能接收降落航班 30 架次。因此给出的此时可认为该机场管制地带空域为空域网络的终结点，连接此终结点的 4 个方向的空中走廊为一级上游空域，为简化问题，将空中走廊看作航段。这 4 条空中走廊分别连接的航段为二级上游空域，这些航段分别属于航路 G212，H14，H10，H4，其中一级上游航段有 4 个，二级上游航段有 6 个。具体结构如图 7-3 所示。

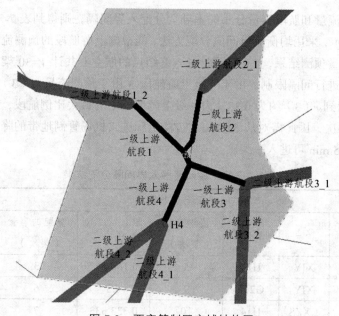

图 7-3　西安管制区空域结构图

表 7-1 根据空域的结构将一级、二级上游空域列出，给出航路段的起止航路点名称，连接的航路名称、所属航路名称、理论容量、2 h 内预测流量等信息。

表 7-1　空域元素信息列表

一级上游航路段					
代号	起点	终点	连接航路	预测流量（架次）	理论容量（架次）
1	HO	XIY	H14	5	10
2	YIJ	XIY	G212	9	10
3	SHX	LXZS	H14	10	10
4	NSH	LXZS	G212	6	10
二级上游航路段					
代号	起点	终点	所在航路	预测流量（架次）	理论容量（架次）
1_1	JIG	HO	H14	5	12
2_1	GUPAD	YIJ	G212	8	12
3_1	P63	SHX	H14	6	12
3_2	P53	SHX	H14	8	12
4_1	P50	NSH	H4	3	12
4_2	SUBUL	NSH	G212	3	12

由于 10:00—11:00 的 1 h 内西安咸阳机场仅能接收降落航班 20 架次，这表示机场管制地带空域在 $T=60$ min 的时间段内，入界间隔限制为 3 min。若采用的平均分配的方式规定各个一级上游空域的入界时间，为 12 min。若采用本节提出的均衡流量间隔分配算

法，在综合考虑流量和航段容量分布的基础上分配入界间隔，则得到表7-2的计算结果。

如表7-2所示，采用均衡流量间隔分配方法，能根据上游航段的预测流量分配入界间隔。其中根据流量预测结果，2 h内预计进入终结点的航空器共计$V=30$架次，因此需要对入界的航班流进行间隔限制，由于一级上游航段3由于预测流量$A(3)=10$架次，根据公式（7-3）得到$r(3)$约为0.33，为一级上游航段中的最大比例航段，因此可按比例分配到容量7架次，因此需对从SHX—LXZS走廊进入机场管制地带的降落航空器进行间隔限制，每8.5 min可进入一架次。

表7-2　一级上游航路段入界间隔分配结果

一级上游航路段							
代号	起点	终点	所在航路	预测流量（架次）	比例	分配的容量（架次）	入界间隔（min）
1	HO	XIY	H14	5	0.166 667	3	20
2	YIJ	XIY	G212	9	0.3	6	10
3	SHX	LXZS	H14	10	0.333 333	7	8.5
4	NSH	LXZS	G212	6	0.2	4	15

表7-3　二级上游航路段入界间隔分配结果

二级上游航路段							
代号	起点	终点	所在航路	预测流量（架次）	比例	分配的容量（架次）	入界间隔（min）
1_1	JIG	HO	H14	5	1	3	20
2_1	GUPAD	YIJ	G212	8	1	6	10
3_1	P63	SHX	H14	6	0.428 571	3	20
3_2	P53	SHX	H14	8	0.571 429	4	15
4_1	P50	NSH	H4	3	0.5	2	30
4_2	SUBUL	NSH	G212	3	0.5	2	30

由于一级上游航段分配的容量均小于其预测流量，因此空中走廊都会产生流量拥挤，根据这一情况采用均衡流量间隔分配方法对二级上游航段进行入界间隔计算，得到表7-3所示的计算结果。

由表7-3所示，由于一级航段1，2都仅有1个二级上游航段与之相连，因此相邻的两个航段分配相同的容量，并且设置相同的入界间隔。一级航段3，4分别有两个二级上游航段与之相连，因此采用公式（7-2），（7-3），（7-4）的方法，考虑预测流量的分布，均衡流量与可分配容量的匹配程度，并计算相应的入界间隔。

由此可知，终点空域的流量拥挤引发与其相连接的上游空域流量拥挤，并在一段时间内依次向上游空域传播，根据表7-2，表7-3所示结果清晰的给出了流量拥塞传播的趋势，其影响的时间、空间范围与空域流量分布密切相关。

表 7-4 给出利用均衡流量间隔分配方法与平均分配方法得到的延误航班架次对比。

表 7-4　延误航班架次对比

一级上游航路段					
代号	起点	终点	连接航路	均衡流量算法延误架次	平均分配算法延误架次
1	HO	XIY	H14	2	0
2	YIJ	XIY	G212	3	4
3	SHX	LXZS	H14	3	5
4	NSH	LXZS	G212	2	1
二级上游航路段					
代号	起点	终点	所在航路	均衡流量算法延误架次	平均分配算法延误架次
1_1	JIG	HO	H14	2	0
2_1	GUPAD	YIJ	G212	2	3
3_1	P63	SHX	H14	3	3
3_2	P53	SHX	H14	4	6
4_1	P50	NSH	H4	1	1
4_2	SUBUL	NSH	G212	1	2

通过表 7-4 可明显看出，平均分配算法得到的入界间隔是平均分配的，但由于间隔限制导致的各个上游航段的延误航空器架次缺差异明显，一级上游航段 3 由于其预测流量较大，平均分配了入界间隔后，5 架次航班不能在 10:00—11:00 时段内进入下游空域。而随着流量拥挤的进一步蔓延，该空域的上游空域 3_1 和 3_2 都产生了较多的航班延误，特别是 P53-SHX 一段，该航段在 1 h 内将延误 6 架次航班，由此可知，平均分配方式虽然能在短时间内平衡终结点空域的流量与容量，但往往在拥塞传播过程中产生新的流控结点，例如 P53-SHX 航段，因此会产生新一轮的流量控制与拥塞传播。而与均衡流量算法对比可知，本文提出均衡流量算法能有效控制延误在各个上游航段的分布比例，不会将流控集中在某个空域，在二级上游航路段的延误统计中，流量均衡算法共延误 13 架次，而平均分配算法共延误 15 架次，由此说明本文算法在平衡流量与容量的匹配程度的同时，能提供较为优化的入界间隔分配结果。

值得注意的是，涉及的上游空域越多，上游空域流量预测总值就越大，流量拥挤就越严重，延误航班架次的最大值也随着拥塞的传播逐级增加，这一情况在两种算法中都无法避免。由此可知，仅依靠合理分配容量与入界间隔并不能快速解决流量拥挤问题，因此需要针对瓶颈空域内的航班流组织优化策略进行研究，在不改变现有空域结构的基础上增加管制运行效率，提高空域吞吐量。

第八章　协同决策流量管理

协同决策是一种政府与工业界的联合行动，其目的是利用参与各方的协同合作来改善空中交通流量管理，争取让各方获得最大的利益。随着交通量的增加，机场、航路和扇区越来越拥挤，协同决策（Collaborative Decision Making，CDM）模式显示出了巨大的优势，并且有逐步取代传统的中心决策模式的趋势。本章将介绍协同决策概念、研究现状、经典模型和应用情况。

第一节　协同决策概述

一、协同决策概念

协同决策是基于一种合作的理念，也就是通过整合民航当局管理者和空域使用者提供的信息，提炼出准确的、有利于各方决策的信息，并让参与各方共享这一信息。CDM能够协助 ATCSCC、ATC、AOC 及飞行员等进行信息交流和态势共享，有助于做出更合理的决策。信息的交互与共享，以及基于这些信息的流量管理策略的制定都需要 CDM 程序和工具的支持。CDM 在 ATM 中的作用与地位如图 8-1 所示。对 CDM 程序的研究和开发主要由民航当局、空域用户、政府机构和学术研究机构等相关单位共同合作完成，如图 8-2 所示。

二、协同决策核心机制

协同决策，从字面理解，其核心内容是"协作"。协作的概念要求将空中交通流量管理的方式从中心决策模式向分布式决策模式转化。

中心决策模式和相关的空中交通管制程序、标准是在第二次世界大战之后发展起来的。而就目前来说，中心决策模式的应用存在着一些问题。首先，随着空域系统的发展，系统的复杂程度大幅度增加，仅由一个机构来有效地管理好这个系统，存在一定的难度。

其次，在这种模式的运行之下，常常会忽略航空公司的个体利益。

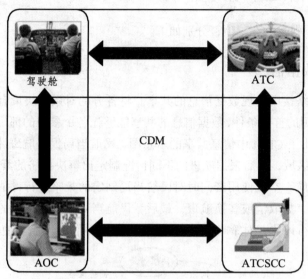

图 8-1 CDM 在 ATM 系统中的应用

图 8-2 CDM 研究机构

分布式决策是指决策的重要信息由相关的、承担不同责任的决策单位或决策人掌握，而最优策略的获得必须要所有决策人的参与和协作。例如，航空公司拥有每个航班的飞行成本、预计起飞时刻等信息，分布式决策模式允许系统的不同用户从其他用户获得对其有利的决策信息。尽管如此，由于不同用户对系统运行有不同的期望，因此，分布式决策无法对不同用户的期望做出满意的协调。这些用户以经济利益为驱动，追求自身利益的最大化，甚至可能会为了局部利益而牺牲系统的全局利益。所以，CDM 决策模式综合了中心决策模式与分布式决策模式的优点，并结合了两者的优势，其核心思想是：首先由国家流量管理中心统一分配空域资源，然后各空域使用者对已分配到的资源有充分的支配权。

协作是 CDM 获得成功的重要因素之一，在 CDM 模式下，流量管理部门、航空公司和研究机构等单位不断地进行交流协作，为流量管理部门制定合理的决策提供基础。例如，由于航空公司的航班都想在同一时段通过某一扇区，因而导致了需求大于容量。这时，流量管理部门就通知相关航空公司该扇区预计流量已经超出容量，并建议航班改航到其他扇区，从而保证该扇区的正常运行，达到这样的目的可能需要参与各方进行多次的交互。这种协作模式给了用户对航班运行控制的最大权利，因而对用户有较大的吸引力。

由此可见，协作是 CDM 的关键要素之一。协作的实现需要 CDM 参与各方的积极参与，特别是各家航空公司的积极参与。因此，在 CDM 模式下，每家航空公司必须得到公平的对待，不损害任何一家航空公司的合理利益，在此前提下才能确保航空公司积极参与协作。

三、协同决策基本原则

CDM 的基本原则主要有三项，分别如下。

（一）共享数据信息

通过公共的网络接口实现数据信息的共享。将各方的对系统决策有用的信息进行共享是 CDM 成功应用的首要条件，数据信息的共享能够让各个参与的部门了解系统的局限和约束，图 8-3 给出了 CDM 中信息共享的示意图，民航当局根据航班计划信息首先预测出可能出现拥挤的区域，然后根据航班的不同情况制定出解决拥挤的策略，如实施 GDP 或指定部分航班改航，空域使用者同时对民航当局制定的策略进行评估，在其内部制定对运行有利的方案，如取消或替换航班，最后，民航当局根据使用者的策略调整情况，重新对拥挤区域进行评估，对策略进行调整，并将更新的信息与空域使用者共享。

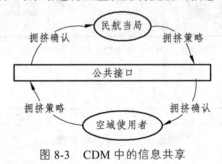

图 8-3　CDM 中的信息共享

（二）及时更新空域使用者提供的信息

为了保证空域系统资源的高效利用，同时又能满足各个使用者不同的目标需求，就必须要求空域使用者及时提供更新的信息，以协助流量管理决策。

（三）系统的性能评估

对系统的性能进行全面的评估，分析各方所获得的效益，以便使系统的性能得到进一步的提高。利用管理工具跟踪和监视策略的实施情况，或根据经验对策略做有益的调整和修改。

第二节　增强型地面等待程序

一、程序概述

机场和空域的拥挤问题每年都呈现持续增长的态势，世界范围内由于"拥挤"造成了大量的航班延误，让航空公司产生了巨大的直接或间接的经济损失。拥挤问题的形成是机场和航路容量的限制所致，其解决方法之一是采用短期流量管理的地面等待程序。

　　地面等待程序是为了规避航空器飞往拥挤机场或穿越拥挤空域，不按预定时刻起飞而延迟起飞的一种方法。此方法通过确定航班最优起飞时间，利用飞机的地面等待来调节空中交通网络的流量，并使交通流量与机场、空域的容量大体匹配，用经济安全的地面等待代替空中等待，从而减少经济损失，提高机场和空域的利用率和飞行安全。

　　在 20 世纪 90 年代之后，随着 CDM 概念被引入空中交通流量管理，空中交通流量管理中使用的一些方法和原则也需要进行相应的改变。原有的 GDP 程序的实施并没有将航空公司的决策信息考虑在内，同时，流量管理部门与航空公司也不能进行有效的通信和协作，从而导致实施的 GDP 程序效率低下。而 CDM 机制为航空公司共享最新的动态数据提供了动力，航空公司就能够更多地参与到流量管理的决策过程中来，这也为流量管理部门制定更加有效的决策提供了基础。在 CDM 机制下，地面等待程序被重新设计，发展成为增强型地面等待程序（GDP-E）。

　　在 GDP-E 中，流量管理部门并不是根据航班的最近预计到达时间而是根据航班最初的时刻表来分配时隙资源的，资源分配上的这个重大变化，从根本上解决了"先到先服务"存在的问题，有利地促进了 CDM 的实施。

　　在 1998 年 9 月，GDP-E 在美国国家空域中开始使用。在 GDP-E 下，航空公司和空中交通管制系统指挥中心通过决策工具飞行时刻表监督系统（Flight Schedule Monitor，FSM）及时交换信息，为管理者能做出更合理的决策提供依据。

二、GDP-E 工具 FSM

　　FSM 是由 Metron 公司基于 CDM 概念开发出的 GDP-E 核心应用程序，FAA 和航空公司等用户可以通过 FSM 查询机场需求列表数据信息和机场容量信息，并可以对列出的航班进行统计、分类，将不同属性的航班用不同的颜色进行区分。当显示的机场容量值低于需求到某一程度时，FSM 便提示需要执行 GDP，同时，FSM 还可以让流量管理专家对不同的地面等待策略进行评估。

　　FSM 已经在美国 80 多个区域和 50 多个机场投入使用，流量管理部门使用 FSM 主要是为完成以下内容：

　　（1）对机场情况进行监视，观察机场需求和容量的变化情况。

　　（2）对实际问题建立模型，制定地面等待或空中等待方案。

　　（3）重新计算航班的控制起飞时间。

　　在欧洲，FSM 也被 40 多个航空公司用来监视机场需求和容量变化，航空公司使用 FSM 主要完成以下内容：

　　（1）对机场情况进行监视，观察机场需求和容量的变化情况。

　　（2）评估流量管理部门制定的地面等待或空中等待方案对自身可能产生的影响。

　　（3）评估部分航班取消产生的影响。

　　（4）将准备进行的时隙交换信息发送给流量管理部门。

　　综上，FSM 的使用能达到两个主要目的：一是对机场需求和容量变化进行监视；二是制定流量管理方案并实施。图 8-4 是 FSM 在 CDM 网络下的使用示意图，通常，FSM 监视机场的进场交通流和离场交通流，并分析需求和容量的变化，当需求超过容量时，ATCSCC 在 FSM 的帮助下制定流量管理方案，航空公司（包括通用航空）评估该方案对自身的影响，同时也做出相应的决策。

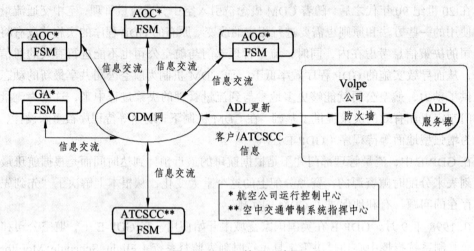

图 8-4　FSM 使用示意图

三、RBS 算法和 Compression 算法

在增强型地面等待程序中，资源分配通过两个过程来完成，首先根据航班时刻表使用 RBS（Ration by Schedule）算法将时隙资源给相应的航班进行初次分配，然后根据航空公司对航班的调整情况，使用 Compression 算法对时隙资源进行再次分配。

RBS 算法一般用于将要实施地面等待策略时，对机场的到达时隙资源进行初始分配，其执行过程如下。

（1）将所有参与地面等待的航班分类，一般分为免除航班、已经发生延误的航班和其他航班三类。

（2）将到达时隙按先后次序依次分配给上述三类航班。

（3）将航班按上述（1）的优先级次序将所有航班进行排序，形成一个队列。

（4）同样，将到达时隙按时间顺序进行排序，与航班序列一一对应，将每一个时隙分配给相应的航班。

（5）根据每个航班所分配得到的到达时隙，修改航班的控制起飞时间和控制到达时间。

四、GDP-E 流程

增强型地面等待程序要求航空公司把变更的航班信息，如航班延误时间、航班取消和新增航班等，发送给空中交通流量管理指挥中心，指挥中心综合这些信息，同时严密监视机场需求与容量的变化，当容量低于需求至某一限度时，考虑执行相应的地面等待策略。航空公司也可以通过使用 FSM 监视机场需求与容量的变化和查看地面等待策略，但他们没有权利去改变或者擅自执行地面等待。GDP-E 程序的一般执行流程如图 8-5 所示，执行步骤描述如下。

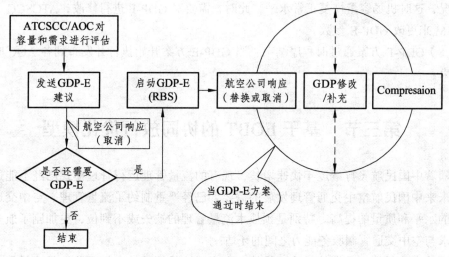

图 8-5　GDP-E 程序流程图

（1）ATCSCC 和 AOC 评估机场需求和容量：ATCSCC 利用 FSM 软件密切监视航班运行情况，观察任何机场容量可能不满足需求的情况，当发现未来存在到达航班数量超出机场接受率的情况时，ATCSCC 与航空公司 AOC 进行协商，并决定是否有必要执行地面等待程序。

（2）ATCSCC 向空域使用者发送实施 GDP-E 的建议：有必要执行 GDP-E 时，ATCSCC 使用 FSM 预先模拟执行 GDP-E 的情况。GDP-E 工具 FSM 能够计算出实施地面等待程序的一些相关参数，如执行 GDP-E 的起始和终止时间，GDP-E 中包括的所有航空公司，在正式实施 GDP-E 之前，ATCSCC 会向所有相关航空公司发送一个态势报告。并就 GDP-E 的实施情况与其进行协商。

（3）航空公司对策略做出响应：航空公司可以使用 FSM 看到将要实施的 GDP 的情况，并分析 GDP 可能给他们造成的影响，若发现某些航班等待时间太长，可以取消该航班，同时将航班取消情况发送给 ATCSCC。

（4）重新评估是否有实施 GDP 的必要：在航空公司对地面等待策略做出响应后，机场需求可能有所减少，ATCSCC 需要重新评估机场和空域使用情况，以确定是否仍有必要实施 GDP-E，若有必要，ATCSCC 发布该 GDP-E 方案，并执行。

（5）使用 RBS 算法对机场的进场时隙进行初次分配：在 RBS 算法中，进场时隙是依据航班的最初时刻表来进行分配的，该算法的分配结果被看成将进场时隙不是分配给单个航班而是分配给该航班所属的航空公司，这样，航空公司即使取消某一航班，它对该航班所拥有的时隙也有所有权，因此航空公司会非常乐意将航班取消情况通知 ATCSCC。

（6）使用 Compression 算法对机场的进场时隙进行再次分配：航空公司根据自身的运行情况，决定通过取消航班来降低延误损失或将所有航班获得的进场时隙进行内部调整，然后将调整后的情况发送给 ATCSCC，ATCSCC 根据实际情况利用 Compression 算法将进场时隙进行再次分配，并形成新的航班时刻表。

（7）对 GDP 策略进行修改或补充：在 GDP-E 执行过程中，可能出现天气突然好转等情况，这时机场容量恢复正常水平，此时，需要对 GDP-E 进行修改，ATCSCC 可以使用 FSM 来更改 GDP-E 参数。

（8）GDP-E 方案通过时程序结束：当 GDP-E 方案开始执行并发布到各 AOC 时，程序结束。

第三节　基于 EOBT 的协同放行优化模型

随着中国民航飞行量逐年快速增长，现有的流量管理运行管理模式已经不能适应现在和未来中国民航空中交通管理发展的需要，已经严重制约了流量管理、空中交通管制服务的水平和质量的提高。特别是预战术流量管理的缺失或不到位，更加剧了航空运输量需求与空中交通管制服务能力之间的矛盾。

预战术流量管理是衔接战略流量管理和实时流量管理的中间环节，是流量管理的重要一环，所以做好预战术流量管理对中国民航流量管理具有重要的意义。

预战术流量管理是在对战略流量管理阶段安排的飞行计划、次日飞行计划、次日航空器停机位、次日机场预计风向（决定跑道使用方向）、空域使用情况、跑道使用情况、空中交通管制部门能提供保障的航空器容量及次日中国民航流控措施，预测、判断即将出现的超容量的机场、跑道、导航台、扇区、航段的情况，对多跑道机场进行就近跑道起飞的航班预排序，图 8-6 给出预战术流量管理的核心机制。通过预战术流量管理系统和流量管理员的经验，对次日会出现的空中交通流量情况进行调整、干预，对机场、跑道、航路点、扇区和航段的流量起到"削峰填谷"的作用，进一步平衡各个空域的飞行流量。

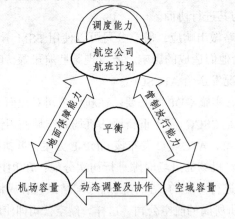

图 8-6　预战术流量管理机制

预战术阶段的飞行计划主要通过每年两次航班换季获得，后续飞行计划的变化，通过总局 ZBBBCKXX 或 ZBBBZGZX 拍发的电报，飞行计划管理部门对飞行计划进行新增、修订、取消的管理工作。飞行计划管理工作中最重要的一项元素是 SOBT（Scheduled Off-Block Time，计划撤轮档时刻），每一个航班的 SOBT 是由中国民航有关部门批准，预先安排好的。

在航班执行前日，中国民航计划管理部门将收到国内航空公司通过 SITA 报提交的次日飞行计划，其中有航班的航空器注册号，通过航空器注册号，飞行计划管理部门就能判断出航空公司执行航班的意愿，同时航空公司也将对不准备执行的计划进行取消，这样中国民航飞行计划管理部门就掌握航空公司次日将执行航班的情况。外航航班的飞行计划尽管没有次日计划通知，但可以根据上周同日该航班是否执行来判断本次是否执行。

预战术流量管理通过 ETOT（Estimated Take Off Time，预计起飞时刻）和航路的调整实现，使机场、航路、重要导航台及扇区的流量分布更均匀，有利于空中交通管制方案的实施。中国民航专门负责流量管理单位将在每天 18:00、23:00 发布各个航班的 ETOT，并在 30 min 之内与公司完成协调。航空公司将收到流量管理单位分配的 ETOT，再减去从停机位到跑道头的滑行时间，得到 EOBT（Estimated Off-Block Time，预计撤轮档时刻）作为次日组织生产的重要依据。

图 8-7 给出了以发布 EOBT 为核心的预战术流量管理流程，从上海虹桥机场起飞至北京首都机场落地的 CES105 航班的 EOBT 发布过程如下。

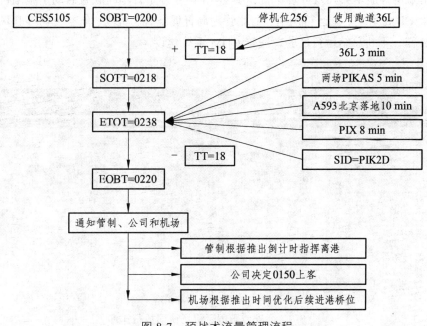

图 8-7　预战术流量管理流程

航空公司提前一天利用 SITA 报发布航班 SOBT，次日 2:00 为航班计划撤轮档时刻。管制单位在收到信息后，根据航空器停机位（256）和滑行路线终点（36L 跑道外等待点），计算出滑行时间为 18 min，得出 STOT（Scheduled Take Off Time，计划起飞时刻）为次日 2:18。

预战术流量管理实施单位分析该航空器飞行过程中经过的各个管制空域的流量限制

情况，包括起飞机场起飞间隔 3 min、SID 限制、过关键点流控限制、航路飞行间隔限制等因素确定航班计划起飞时间应为 2:38。

流量管理单位通过报文发布 ETOT，航空公司推算出计划撤轮挡时间为 2:20。以此时间推算上客时刻为 1:50。管制单位按照计划实施管制保障，机场运行单位推算推出、开车时间提供机场运行服务。

由以上分析可知，ETOT 决定了航空器的起飞次序，EOBT 决定了航空器的撤轮挡、推出、开车的次序，这两种序列是决定机场、管制单位、航空公司协调、保障工作是否流畅、高效的关键。因此预战术流量管理实施单位判断航空器 EOBT 时刻的方法是否科学合理会直接关系到预战术流量管理效果，并对次日航空器运行产生直接影响。

第四节　协同决策流量管理系统应用

一、单机场多单位协同放行系统

中国民用航空西北地区空中交通管理局、西安咸阳国际机场中国东方航空西北分公司、海南航空等航空公司及驻场单位，于 2013 年 6 月 1 日零时联合启动了咸阳机场运行协同决策 CDM 系统。试运行期间，西北管理局督促空管、机场、航空公司等驻场单位加强协同合作，不断总结运行经验，完善 CDM 系统建设。

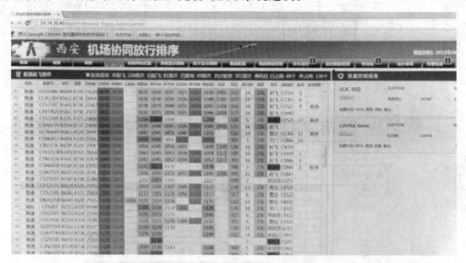

图 8-8　西安咸阳国际机场协同放行排序

二、多机场协同放行系统

空管、机场、航空公司以协同决策系统为协同决策平台，按航班放行次序及计算起飞时间制定航班运行保障预案，并按次序及计算起飞时间进行航班运行保障，使航班放行更加公开透明，运行更加规范。系统提供态势分析，使航班运行保障各方能通过共同的运行态势感知，并协同决策。放行系统的相关图片见图 8-9 和 8-10。

图 8-9　上海两场联合放行系统

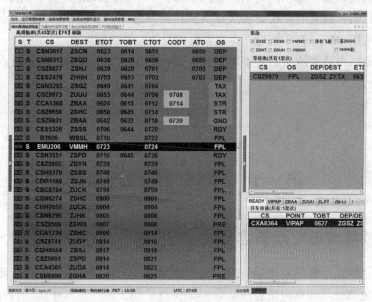

图 8-10　深圳多机场联合放行系统

第九章　战略流量管理

流量战略管理子系统主要实现对需求中所列举的各种全国范围内，中长期飞行流量与空域容量不相适应的状况，生成飞行流量战略管理预案。系统可针对多种情况自动匹配不同的决策支持工具，利用协同决策技术与系统化方法，结合军民航各级管制单位、各级相关单位协同意见，形成相应的方案参数，实现全国范围内统一调度航班，生成多种流量战略管理预案。

本章将对战略流量管理基本概念、研究情况、管理策略、实施流程等重要内容进行介绍。

第一节　战略流量管理概述

一、战略流量管理概念

战略流量管理也称先期流量管理，属于流量的长期规划范畴，是飞行流量监控分系统的重要组成部分。战略流量管理能够根据民航班期计划、军航年度飞行任务、下级流量管理机构的相关信息，通过预测全国范围内中长期飞行流量与空域容量不相适应的状况，通过模拟重大任务和突发事件，结合气象监视与分析人员、突发事件处理人员、重大任务协调人员和设备监视与分析人员提出的流量管理建议措施，以及空域管理决策支持人员提出的空域规划与调整预案，结合军民航各级管制单位、下级流量管理机构、机场、航空公司历史决策数据和协同调整意见，利用多种辅助决策工具计算后形成飞行流量战略管理调配预案。

战略流量管理生成的流量管理预案可通过综合信息发布子系统发布至各级流量管理机构、辅助值班人员、专家、下级流量管理部门、各管制单位等各方共同制定、修改、讨论预案实施细节，制定完善合理的流量管理调配预案。飞行流量战略管理子系统可对各种流量管理预案进行仿真和评估。值班人员根据仿真效果，选取备选飞行流量战略管理预案，报送给值班主任。最终结合专家意见、军民航飞行流量监控机构共同协商意见，形成流量管理备选方案。备选方案按程序报批后可发布实施。

战略流量管理还可辅助值班人员监督下级流量管理机构流量管理方案的执行情况，对已实施的飞行流量战略管理方案进行后评估，提供预案预期效果与实施效果的对比分析结果，生成后评估报告。

战略流量管理生成的流量管理预案、方案、预案方案参数、预案方案修改意见、预案评估结果、方案后评估报告等数据可保存至数据库，通过综合信息发布子系统发布至各级流量管理机构。

二、战略流量管理特点

飞行流量战略管理的主要特点是飞行流量管理新技术的应用和系统化辅助决策。

飞行流量管理新技术的应用：为满足流量战略管理的不同需求，系统提供了多种流量辅助决策工具，全国航班时刻优化决策工具用于合理调整全国航班时刻表，制定班期时刻表，以及对非定期航班时刻进行协调，可生成航班时刻调整预案；动态改航策略、多机场地面等待策略、空中等待策略、终端区进港排序策略等用于发生恶劣天气、通信导航设备故障等突发情况下，疏导拥塞空域流量，可生成航班飞行路线调整预案和军/民航飞行调整预案。系统从数据库获取了军民航各级管制单位、机场、航空公司历史协商结果，获取各管制单位的业务规则，结合各级相关单位的协同调整意见，共同完成方案参数制定、预案的生成、预案修正、方案形成过程。

多种飞行流量管理新技术的应用，明确划分了各种航空器的调整方案，生成具体的调整措施，符合我国军民航现有管制协调程序与方法，满足军民航统一管制的自动化支持需求。

系统化辅助决策：系统可根据重大任务和突发事件的发生过程、性质和机理实行分类，各类突发事件按照其性质、严重程度、可控性和影响范围等因素进行分级，并针对各级突发事件分别指定应急处置启动机制和处置流程。针对不同的流量问题应使用不同的决策工具，针对每个航空器的不同属性和状态，分别产生不同的流量调整方案。针对事件的影响范围，提供不同的协同协商机制，生成能尽快疏导、分散正在飞行的航班，能及时恢复空中交通管制系统运转、服务功能，能预防、控制、减轻或消除突发事件的危害的处置预案。系统化的战略流量管理预案经分析和评估形成方案，按程序报批后，由军民航相关部门统一实施。

飞行流量战略管理子系统提供了对多种辅助决策工具的设置和统一自动化调用功能，将决策工具的使用与突发事件、重大任务的级别、性质、影响程度相结合，充分区别了流量管理的局部措施和整体措施，体现了系统方法的特点。

第二节　全国航班时刻优化策略

一、航班时刻优化概述

随着机场的不断扩容、飞行流量不断增加，日常流量管理的中心逐渐从进出港管制向航路转移，造成航路拥塞，航路交叉点冲突等流量问题。为了减少航空器空中等待，避免发生流量拥挤，需要合理考虑航路、关键点容量，制定更完善的航班时刻优化模型。航班时刻优化策略可通过优化制定航班时刻表，来减轻机场繁忙时段的运输压力，有效地利用时空资源，提高机场运营效率。科学、合理的航班时刻表，既能充分利用有限的机场和空域资源，增加飞行流量；也能减少空中交通冲突和流量拥挤，提高航空安全性，减少空中等待和改航等；还能理顺机场的运营，方便旅客出行，减少滞留时间，具有经济和社会效益。长期以来，航班时刻表是通过航协航班协调会协商制定，但确定大量的航班时刻是一项复杂和繁重的协调工作，难以做到科学、合理。实际上，确定民航航班时刻表是一个典型的优化问题。研究航班时刻优化方法具有重要的理论意义和实用价值。

全国航班时刻优化策略以非确定性多元受限航班时刻优化模型作为核心，提供了可兼顾考虑多个目标函数、综合多个优化原则、基于多种空域单元容量限制进行航班时刻优化的决策工具。

二、航班时刻制定现状

航班时刻指指定为某一航班提供或分配的在某一机场的某一特定日期的到达或起飞时刻。航班时刻表的制定要同时考虑航空公司、机场当局、空管管制能力、空域容量。是一件重要而又烦琐的工作。科学、合理地制定航班时刻表，既能充分利用有限的机场和空域资源，也能减少空中交通冲突和拥挤现象，提高航空安全性，减少空中等待和改航等；还能理顺机场的运行，方便旅客出行，减少滞衍时间，具有较好的经济和社会效益。

航班时刻表的编制是一项复杂而细致的工作，要综合考虑各个方面的因素，又要协调各种矛盾，权衡利弊，从而制定出既适合旅客符合市场需求的，又能充分发挥企业能力的航班运行计划。

航班时刻表的制定涉及很多因素，其中主要包括下列几项。

（1）航班时刻表制定的基础是运力，即航空公司的飞机数量及运行情况，在掌握了飞机数量及飞机增减计划的基础上，才能制定航班时刻表。

（2）航班时刻表制定的依据是市场调查，在市场调查的基础上对航班运行期内的市场作出预测，并根据预测和以往经验制定出切合实际情况的时刻表。

（3）航班时刻表是航空公司整体的行动计划，因而必须从整个航线网的角度来考虑航班安排，如航线之间的衔接以及和地面、水路交通的衔接，这样才能发挥整个航线的利益。

（4）航空运输对时间极为敏感，因而在航班时刻上要尽量与旅客的需求相适应。季节等因素都会对旅客人数产生影响，航班的起飞时刻和到达时刻是国内旅客选择航班的重要考虑因素。由于航线上有其他公司和机场容量的限制，在安排上不可能把所有的航班都安排在最佳时间，因此，必须综合考虑，有时还要做出妥协和让步。

（5）组织航班还涉及飞行、维修、供应等各个部门，因而制定航班时刻表的过程中要有这些部门的参与，以保证各个部门之间的工作周期和能力协调。

（6）在实际运行时不可避免地要出现一些和原来设想不同的情况，如需求的变化、气象条件影响航班正常等，在制定时刻表时要尽可能考虑到这些变化，并留有一定的备用运力保证执行的灵活性。航班正点率是一个航空运输企业服务质量的主要标准之一，因而在遇到特殊原因使航班延误或取消时，能尽快予以补救。

航班时刻的制定是一项系统工程，是依据多种因素综合分析而制定的，希望得到旅客的理解。此外，民航航班每年会换季两次，针对季节情况对航班时刻进行调整。

第三节　针对突发事件的流量管理策略

一、突发事件概念

空中交通管理突发事件定义：是指在对民用航空器实施空中交通管理过程中突然发生的一个或者一系列具有突发性、累积性、连锁性、高危性的对整个空中交通以及与此相关的产业都会产生影响的不可预测性的事件。

事物现象的特征是事物本质的外化，是此事物现象与彼事物现象的基本关系的表现。人们对事物现象特征的概括是通过比较得出来的，针对突发事件特征的概括当然也不例外。关于突发事件的特点，从突发事件产生的时间因素，空间因素，结果因素分析，认为突发事件具有如下特征。

（一）突发性

突发性是指突发事件是突然发生的，突如其来，不可预测的。突发性是突发事件的最显著的特征。相对于其他事件而言，突发事件因其发生迅速，人们缺乏事前的预测、预防、应对措施，可能会造成更大的社会恐慌、社会危害。同时，正因为突发事件的突发性，才使得突发事件应急机制存在成为必要。应急机制就是为了应对突如其来的危机，在最短时间内，最有效地集中人力、物力、财力，采取各种相应措施，将危机造成的损失降到最小。

（二）累积连锁性

突发事件的发生是长期的累积作用的结果。突发事件的发生看似突然，其实必然。因为无论是空中交通管理，还是生产生活中的其他方面，都存在着不可预见的突发事件，因此从这个角度来说，突发事件同时也是必然的，当发生突发事件时，先前的突发事件遗留下来未解决的问题或者未发现的问题会对当前的突发事件产生累积效果，再由于某种各种突发事件之间密不可分的联系，连锁反映也是不可避免。

（三）高危性

突发事件造成的危害程度是相当深刻，危害范围是相当广泛的。这点是不言而喻的，正是因为其突发的特征，危害性可见一斑。

（四）可控性

控制指掌握住使之不超出范围。从系统论看，控制是对系统进行调节以克服系统的不确定性，使之达到所需要状态的活动和过程。突发事件的可控性可以从两个方面来理解：首先，从突发事件的产生来看是可控的；其次，从突发事件发生后人们的应对来看是可控的，人们可以通过增强预警能力，增强应急处理能力，来缩短突发事件的进程，减轻突发事件的危害，降低或消除突发事件带来的负面影响。

二、突发事件分类

空中交通管理中的突发事件类型有很多种，任何一个细微的事件都有可能转化为不可估量的突发事件，但归结起来，现阶段空中交通过程中突发事件主要可以分为三类。

第一类是与自然灾害相关的一些不可抗拒的因素，如百年不遇的冰雹，飓风，海啸等。人是自然的一部分，只能按照自然的规律办事，一切违反自然规律的行为都将受到严惩，对于大自然的变化我们无法阻止，但我们可以根据天气预报和过往经验利用人类的智慧做到有针对性的预防。

第二类是人为主观因素，人为的主观因素又可以分为两个部分：（1）突然性的军事活动，或空中交通管理过程中管制员或者管理人员等因疏忽大意、过于自信、严重不负责任、间接故意等原因而导致的管制过程中发生的突发事件。比如双流机场 2005 年春节高峰期间，因为一位经验丰富的管制员对自己的管制能力过于自信，在极限容量值仅为27 的前提下允许 37 架飞机进入自己的管制范围，险些造成空中盘旋等待过程中的相撞事故。（2）纯粹的故意行为造成的突发事件，空中交通相关的暴力事件，比如恐怖主义活动，暴力劫机事件等，都会对民用航空器空中交通产生很大的影响。

第三类是非人为的硬件设施因素，空中交通管理过程中的硬件设施发生了难以预测的故障，如发生监视设备故障、网络中断、空管自动化系统无法使用等情况，虽然对硬件设施来说都有备用系统，应急系统，但也不排除主、备、应急系统一起发生故障的情形。例如 2009 年 10 时 14 分，成都双流国际机场供电设备突发故障，造成全场失电，机场被迫关闭 3 h 直至当日下午 3 时 05 分恢复供电时才重新恢复使用。

本小节研究的针对突发事件的空中交通流量管理策略主要针对第一、三种突发事件，包括恶劣天气影响、空管设施设备运行状态变更、由于设备故障导致的空域保障能力下降等事件。

三、突发事件处理

空中交通管理中的突发事件的危机管理从纵向划分可分为以下四个阶段。

（1）监测、预警阶段。

（2）预控、预防阶段。

（3）应急处理阶段。

（4）评估、恢复阶段。

监视、预警阶段是指：二十四小时监测空中交通态势，对于任何有可能产生的突发事件，都应立刻上报。当发现可能产生的突发事件时，进入预警阶段，此时需要提高警惕。

预控和预防阶段是指：对预警阶段的问题和事件进行有针对性的事前处理，对可能受影响的时间、空间范围进行评估，对可能出现的连锁问题进行预测，并通知相关管制单位做好应急处理准备。

当真正发生了预测或者没有预测到的空中交通重大突发事件时，就进入了关键的应急处理阶段，这也是整个重大突发事件处理的核心部分。应急处理的本质就是对受影响空域内的航空器采取何种调整措施做出决策。当突发事件产生时，短时间内对大量航空器进行调配是比较困难的，导致流量拥挤在较长时间内得不到有效缓解，在较大范围内产生拥塞扩散，受影响的航班逐渐增多。在制定流量调整方案时，为了保证安全性，往往采取较为保守的调整方案，优化性较低，且缺乏统一、协同的调配方式，流量管理的效果不明显。因此将针对各种可能出现的突发事件研究流量调整方法、突发事件进行分析、分类，对应不同的处理原则采用相应的决策支持工具，自动计算出航空器飞行路线调整方案、航班起降时间调整预案等数据。针对突发事件的流量管理决策应遵循以下三点原则。

（1）时效性：在最短的时间内，对受影响空域内的航班进行合理疏导。

（2）有效性：调整策略合理且易于实施，能有效限制受影响的空间、时间范围，延缓甚至消除扩散影响。

（3）优化性：全国各级空域协同制定方案，强调各空管部门间的协调统一、协同配合，妥善处理各类矛盾，维护航班运行的安全秩序，充分使用空域资源，最大化空域的单元吞吐量，生成合理优化的飞行流量调整方案。

当突发事件及其产生的危机过去后，进入事后评估和恢复阶段，应同样采取流量管理措施对飞行流量的恢复进行规划，及时恢复空中交通的正常运行。这阶段还包括对突发事件造成的损失进行统计，分析其产生的原因，评估采取了应急机制后减少的损失等等。

第四节　战略流量管理系统应用

流量管理预案生成模块通过内部信息交换服务总线获取流量预测结果和容量预测结果、日常流量管理决策、重大事件、恶劣天气、设备状态及调整等偶发事件，以及针对此类事件记录的专家决策数据、军民航各级管制单位管制流程、机场航空公司规则规定、各级协同部门历史决策意见等。同时对上述数据进行综合分析处理，对各种流量拥塞问题进行分类，对各种影响因素进行分级。结合用户设置的空域参数、措施参数和约束目标参数等数据，自动调用多种决策支持工具，生成能尽快疏导、分散正在飞行的航班，能及时恢复空中交通管制系统运转、服务功能，能生成预防、控制、减轻或消除突发事件的危害的处置预案，包括：航班时刻调整预案、航班飞行路线调整预案、军/民航飞行调整预案等。

一、全国飞行计划优化

该系统提供了航班时刻优化工具，如图 9-1 所示，采用了多机场地面等待等算法，可以实现对战略时期任意一天内选定的任意时间段的航班计划进行优化。优化结果可使空域内流量和容量达到平衡，保证其高效有序地运行。

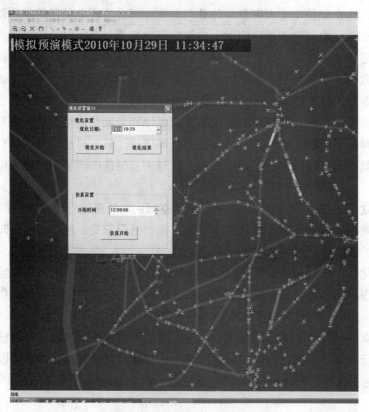

图 9-1　全国飞行计划优化

航班时刻优化工具优化完毕之后，提供航班时刻查看功能，查看优化后的航班时刻表，如图 9-2 所示。

航班号	起飞机场	降落机场	起飞时间	降落时间
CSN3345	武汉天河机场	广州白云机场	13:30	15:10
CSN3346	广州白云机场	武汉天河机场	16:00	17:25
CSN3365	武汉天河机场	广州白云机场	10:25	11:50
CSN3496	昆明机场	郑州新郑机场	21:10	23:30
CSN3543	武汉天河机场	上海浦东机场	19:10	20:40
CSN3598	上海虹桥机场	郑州新郑机场	20:00	21:40
CSN3601	广州白云机场	沈阳桃仙机场	08:00	11:20
CSN3739	珠海三灶机场	北京首都机场	19:55	23:00
CSN3813	广州白云机场	合肥骆岗机场	08:10	10:00
CSN3814	合肥骆岗机场	广州白云机场	10:45	12:45
CSN3824	上海浦东机场	武汉天河机场	07:25	09:30
CSN3881	汕头机场	义乌机场	08:30	09:45
CSN3439	郑州新郑机场	昆明机场	16:30	18:50

图 9-2　航班时刻生成

二、突发事件流量管理预案

根据突发事件的历史情况，设置突发事件参数，在飞行态势图显示出对该突发事件影响的评估，给出告警信息，告警单元列表，给出受影响的航班。

系统提供方案参数的默认值，也可由用户输入。方案参数的设置不但考虑了军民航各级管制单位的协同决策和机场运行效率，同时还兼顾航空公司的公平性原则。具体包括：空域参数、措施参数和约束目标参数。用户可通过界面操作设置方案参数，包括：预案产生的原因、突发事件类型、容量数据、专家决策数据、空管设备运行状态、重大任务数据、突发事件影响时间、突发事件影响空域、突发事件影响时间等数据，如图 9-3 所示。

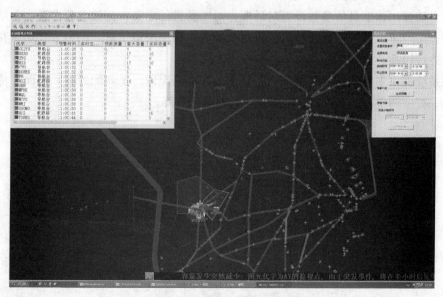

图 9-3　突发事件设置及影响范围显示

用户可修改容量、空域单元、决策工具、优先级等。根据流控事件定义及用户输入参数，得到关键空域单元的容量变化、各决策工具的优先级、影响时间段。

可分别调用决策支持工具，用户设置各个决策支持工具参数，并查看决策结果。也可在统一界面下，动态显示各个决策工具的计算过程及优化结果。

自动优化工具集以表格的方式按行显示各个决策工具的名称、任务、参数设置、计算进度、架次统计、调整结果，如图 9-4 所示。

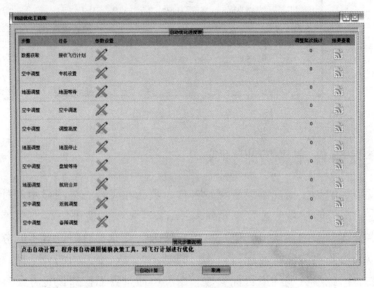

图 9-4 自动优化工具集窗口

其中，各个决策工具的调用顺序由优先级决定，优先级由用户确定。优化工具集提供自动调用、手动调用两种方式。自动调用方式指，系统调用所有工具，在每个工具调用之前自动弹出该工具的参数设置对话框，对工具进行定义，完善参数设置。手动调用方式指，用户可以一次性设置参数，再由系统统一调用决策工具。两种方式均可在程序计算时进行切换。

该系统提供多种辅助决策工具，工具参数可灵活配置，工具配置有：地面等待、空中调速、高度调整、动态改航、地面停止、返航和备降。

参考文献

[1] 中国民用航空局，中国民用航空局 2012 年 5 月 7 日公布 2011 年民航行业发展统计公报 http://www.caac.gov.cn/I1/K3/201205/P020120507306080305446.pdf

[2] 中国投资资讯网. 2007-2008 年中国机场业分析及投资咨询报告（上中下卷）[S]. 2007，http://www.ocn.com.cn

[3] 中国民用航空局规划发展财务司. 2011 年度全国民航机场生产统计公报[S]. 2011，http://wiki.carnoc.com/upload/f070322/f07032208595670c.xls

[4] ETSCHMAIER M M, MATHAISEL DFX. Airline scheduling: An overview[J]. Transportation Science System，Transportation Science, 1985, 27(3): 281-287.

[5] 杨晓嘉. 空中交通流量管理分析与研究[J]. 中国民航（CCA），2001（2）：41-42.

[6] WU C L, CAVES R. Research review of air traffic management[J]. Transport Reviews，2002, 22 (1): 115-132.

[7] 许健武. 试论空中流量管理的制约因素[J]. 民航经济与技术，2000.9：55-57.

[8] 肖德义. 流量控制的成因及相应的解决办法[J]. 空中交通管制，2004，1（159）：52-53.

[9] 赵嶷飞. 空中交通流量管理系统研究[D]. 北京航空航天大学，2003：10.

[10] 黄卫芳. 欧洲空中交通流量管理系统简介[J]. 空中交通管理，2006，6：37-41.

[11] HARRIS R M. Models for runway capacity analysis[R]. Washington, D C, The Mitre Corporation Technical Report MTR-4102, 1969: 1-94.

[12] 胡明华. 空中交通流量管理理论[M]. 南京：南京航空航天大学，2001.

[13] 王正志，薄涛. 进化计算[M]. 长沙：国防科技大学出版社，2000.

[14] 王小平，曹立明. 遗传算法-理论、应用与软件实现[M]. 西安：西安交通大学出版社，2002.

[15] RODOLPH G. Convergence Analysis of Canonical Algorithms[J]. IEEE Trans. On N. N，1994(1): 144-148.

[16] 陈志平，徐宗本. 计算机数学-计算机复杂性理论与 NPC/NP 难问题的求解[M]. 北京：科学出版社，2001.

[17] 刘振宏，蔡茂诚. 组合最优化：算法和复杂性[M]. 北京：清华大学出版社，1986.

[18] 岳超源. 决策理论与方法[M]. 北京：科学出版社，2003.

[19] 吴广谋等. 数据、模型与决策[M]. 北京：石油工业出版社，2003.

[20] Janic M. A Model of the Traffic Flow Management Problem in Air Traffic Control: Assigning Priorities for Landing in a Congested Airport[J]. Transportation Planning and Technology. Vol. 19，No. 1, pp. 131-162. 1997.

[21] Gregory C. Carr, H. Erzberger, F. Neuman. Airline Arrival Prioritization in Sequencing and Scheduling[C]. in: 2nd USA/Europe Air Traffic Management R&D Semina, Orlnado, Dee, 1998.

[22] Gregory C. Carr，H. Erzberger，F. Neuman. Delay exchanges in arrival sequencing and scheduling[J]. Journal of Aircraft, 1999, (36): 785-791.

[23] 陈珽. 决策分析[M]. 北京：科学出版社，1987.

[24] 胡知能，徐玖平. 运筹学-线性系统优化[M]. 北京：科学出版社，2003.

[25] 徐光辉. 随机服务系统理论[M]. 北京：科学出版社，1988.

[26] A. R. Odoni. Existing and Required Modeling Capabilities for Evaluating ATM Systems and Concepts. International Center for air transportation[J]，Massachuestts Institute of Technology, 1997.

[27] Heinz Erzbergrer，Leonard Tobias. A Time-Based Concept for Terminal Area Traffic Management[J]. NASA/TM-88243, 1986.

[28] Petre E. Time Based Air Traffic Control in an Extended Terminal Area-A Survey of Such Systems. Doc. 912009，Euro control，Belgium，1991.

[29] Lee H. Q., H. Erzberger. Time Controlled Descent Guidance Algorithm for Simulation of Advanced ATC System. NASA/TM-84373, 1983.

[30] Slatteyr R., Zhao Y. Trajectory Synthesis for Air Traffic Automation[J]. Journal of Guidance Control and Dynamics, 20(2):232-238, 1997.

[31] D Delahaye, A. R Odoni. Airspace congestion smoothing by stochastic optimization[C]. In:Proceedings of the Sixth Imitational Conferences on Evolution Porgrmaming. 1997.

[32] Dear R. G. The Dynamic scheduling of Aircraft in the Near Terminal Area[R]. MIT Flight Transportation Lab Rep. R76-9, Sep. 1976.

[33] L. Binaeo，B. Nicoletti，S. Ricciardelli，A Algorithm for Optimal Sequencing of Aircraft in the Near Terminal Area[C]. in:Proceedings of the 8th IFIP Conference on Optimization Techniques, Sep. 1977.

[34] H. Psaratfis, A Dynamics Programming Approach to the Aircraft Sequencing Problem[R]. M. I. T. Flight Transportation Laboratory Report, R78-4, 1978.

[35] H. Psaratfis，A Dynamics Programming Approach for Sequencing Groups of Identical Jobs[J]. Operation Researh, 1980.

[36] A. Anderussi, L. Binaco, S. Riccardelli. A Simulation model for Aircraft Sequencing in the Terminal Area[J]. EJOR, 1981(8): 345-354.

[37] R. G. Dear, Y. S. Sherif. The Dynamic Scheduling of Aircraft in High Density Terminal

Areas[J]. Microelectronics and Reliability, 1989.

[38] H. Erzbegrer, W. Nedell. Design of Automated System for Management of Arrival Trafficc. NASA/TM102201, 1989.

[39] R. G. Dear, Y. S. Sherif. An algorithm for computer assisted sequencing and scheduling of terminal area operations[J]. Transportation Researeh, 1991(25): 129-139.

[40] C. R. Brinion. An Implicit Enumeration Algorithm for Arrival Aircraft Scheduling[C]. In: Proceeding of the 11ht IEEE/AIAA Digital Avionics Systems Confernce, 1992.

[41] J. Abela, D. Abramson. Computing Optimal schedules for Landing Aircraft Proceeding of the 12th National ASOR Conefrence, Australia, 1993.

[42] Trivizas D. A., Optimal scheduling with maximum Position shift(MPS) constraints runway scheduling application[J]. Journal of Nvaigation, 1998(51): 250-266.

[43] Synnestvedt R. G., Swenson H. N, Erzberger H. Scheduling Logic for Miles-in-Trail Traffic Management[R]. NASA TM-4700, 1995.

[44] 荀海波，徐肖豪，陈绪华. 机场终端区着陆次序的排序规划算法[J]. 南京航空航天 大学学报，1999（2）：322-325.

[45] 丁峰，贺尔铭，吴盘龙. 空中交通自动化管理中飞机等待队列的排序算法[J]. 西北 工业大学学报，2000（3）：526-531.

[46] Xu Xiaohao，YaoYuan. Application of genetic algorithm to aircraft sequencing in terminal area[J]Journal of Traffic and Transportation Engineering, 2004(3): 121-126.

[47] 胡明华，李丹阳，韩松臣. 被动空中交通流量管理中的动态排序算法[J]. 南京航空 航天大学学报，2000（1）：85-90.

[48] 余江，刘晓明，蒲云. 飞机着陆调度问题的 MPS 优化算法研究[J]. 系统工程理论与 实践，2004（3）：119-122.

[49] 杨秋辉，游志胜，洪玫. 基于单机排序问题的降落飞机分组排序方法[J]. 四川大学 学报：工程科学版，2004（6）：106-110.

[50] 马正平，崔德光，谢玉兰. 机场终端区流量分配及优化调度[J]. 清华大学学报：自 然科学版，2005（7）：876-879.

[51] 马正平，崔德光，陈晨. 空中交通进近排序及优化调度[J]. 清华大学学报：自然科 学版，2004（1）：122-125.

[52] 江波，张飞桥. 基于最早预计时刻的进近排序模型及算法[J]. 西南交通大学学报， 2005（4）：509-512.

[53] Neuman F, H. Erzberger. Analysis of Sequencing and Scheduling Methods for Arrival Traffic. NASA/TM-102795.

[54] Neuman F, H. Erzberger. Analysis of Delay Reducing and Fuel saving Sequencing and Spacing Algorithms for Arrival Traffic. NASA/TM-103880. 1991.

[55] J. E. Beasley. Scheduling Aircraft Landings-The Static Case[J]. Transportation Science， 2000, vol. 34(2): 105-108.

[56] Andreas T Ernst, Mohan Krishnamoorthy. Algorithms for Scheduling Aircraft Landings [C]. in: AGIFORS2001, 2001.

[57] Beasley, J, Krishnamoorthy M., Sharaiha Y, Abramson D. Displacement Problem and dynamically Scheduling Aircraft landing[J]. Journal of the Operational Research Society, 2004, 55(1): 54-64.

[58] L. Bianco, S. Ricciardelli, G. Rinaldi, A. Sassnao. Scheduling Task with Sequence-Dependent Processing Times[J]. Naval Res. Logist, 1988(35):177-184.

[59] L. Bianeo, A. R. Odoni. Large scale Computation and Information Processing in Air Traffic Control[M]. Springe-Verlag, Berlin, 1993.

[60] Luenbugrer. Robert. A Traveling-Salesman-based Approach to Aircraft Scheduling in the Terminal Area[R]. NASA/TM-100062, 1988.

[61] L. Bianco, A. Mingozzi, S. Ricciardelli. The traveling salesman Problem with cumulative costs[J]. Networks , 1993(23):81-91.

[62] Venkatakerishnan C. S,. Landing at Logan Airport:Describing and Increasing Airport Capacity[J]. Transportation Science, 1993, (3): 211-227.

[63] Vic Ciesielski, Paul Scerri. An Anytime Algorithm for scheduling Aircraft landing Using Genetic Algorithms[J]. Australian Journal of Intelligent Information Processing System, 1997(4):206-213.

[64] Vic Ciesielski, Paul Scerri. Real Time Genetic scheduling of Aircraft landing Times[C]. in:IEEE International Conference on Evolutionary Computation, 1998:360-364.

[65] A. T. Ernst, M. Kishnamoorthy, R. H. Storer. Heuristic and exact algorithms for scheduling aircraft landings[J]. Networks, 1999(34): 229-241.

[66] V. H. L. Cheng, L. S. Crawofrd, and P. K. Menon. Air Traffic Control Using Genetic Search Techniques[C]. IEEE International Conference Control Applications, Hawaii, HA, 1999:22-27.

[67] Robinson J. E., Davis T. J., Isaacson D. R. Fuzzy Reasoning-based Sequencing of Arrival Aircraft in the Terminal Area[R]. AIAA 97-3542, 1997.

[68] Douglas R. Isaacson, Thomas J. Davis. John E. Robinson, Knowledge-based Runway Assignment for Arrival Aircraft in the Terminal Area[R]. AIAA Guidance, Navigation, and Control Conference, New Orleans, LA 1997.

[69] Teixeira R., An Heuristic for the Improvement of Aircraft Departure Scheduling at Airports[D]. Ph. D. thesis, Loughborough Technical University, United Kindom, 1992.

[70] Michael A. Bolender. Scheduling and Control Strategies for the Departure Problem in Air Traffic Control, Ph. D. thesis, University of Cincinnati, 2000.

[71] Gregory L. Wong. Dynamic Planner: the Sequencer, Scheduler and Runway Allocation for Air Traffic Control Automation[R]. NASAT/M-2000-209586, 2000.

[72] Gregory C. Carr, H. Erzberger, F. Neuman. Fast-time study of airline-influenced arrival

sequencing and scheduling[J]. Journal of Guidance, Control and Dynmaies, 2000(23): 526-531.

[73] Volckers U., Sehenk H. D. Operational Experience with the Computer Oriented Metering Planning and Advisory System(COMPAS) at Frankfurt[R]. Germany, AIAA Paper 89-3627, 1989.

[74] VolckersU. Computer Assisted Arrival Sequencing and Scheduling with the COMPAS System[C]. in: Proceeding of the 1986 AGARD Conference, Brussels, 1986.

[75] Garcia J. MAESTRO-A Metering and Spacing Tool[C]. in: Proceeding of the 1990 American Control Conference, p. 501-507.

[76] Ljungberg A. Lucas. The OASIS Air Traffic Management System[C]. in: Proceeding of the 2nd Pacific Rim International Conference on Artificial Intelligence, Seoul, Korea, 1003-1009, 1992.

[77] McNally D., Erzberger H. , Bach R. , Chan W. A Controller Tool for Transition Airspace [R]. AIAA Paper99-4298, NASA Ames Research Center, 1999.

[78] Erzberger H, Nedell W. Design of automated system for management of arrival traffic[R]. NASA TM 102201, 1989.

[79] Neuman F, Erzberger H. Analysis of sequencing and scheduling methods for arrival traffic[R]. NASA TM 102795, 1990.

[80] Neuman F, Erzberger H. Analysis of delay reducing and fuel saving sequencing and spacing algorithms for arrival traffic[R]. NASA TM 103880, 1991.

[81] ICAO. Rule of the air and air traffic services(DOC4444)[S], 1996.

[82] Odoni. A. R. The Flow Management Problem in Air Traffic Control[C]. Flow Control of Congested Networks. Berlin Springer, 1987, 268-288.

[83] Stephan E. Kolitz and Mostafa Terrab. Real-Time Adaptive Aircraft Scheduling[R]. Charles Stark Draper Laboratory, Inc. , Cambridege, Massachusetts, 1990: 52-63.

[84] Peter B. M. Vranas, Dimitris Bertsimas, Amedo R. Odoni. The Multi-Airport Ground-Holding Problem in Air Traffic Control[J]. Operations Research, 1994(2): 27-39.

[85] Peter B. M. Vranas. Dimitris Bertsimas, Amedeo R. Odoni. Dynamic Ground-Holding Policies for a Network of Airports[J]. Transportation Science, 1994 (4): 275-291.

[86] Peter B. M. Vranas, Dimitris Bertsimas, Amedo R. Odoni. Dynamic Ground-Holding Policies for a Network of Airports[J]. Transportation Science, 1994 (4): 5-26.

[87] Dimitris Bertsimas, Sarah Stock Patterson. The Air Traffic Flow Management Problem with Enroute Capacities[J]. Operations Research, 1995(3): 406-422.

[88] Sarah Stock Patterson, Dimitris Bertsimas. The Traffic Management Rerouting Problem in Air Traffic Control: A Dynamic Network Flow Approach[J]. Transportation Science, 1995 (3): 239-255.

[89] Erzberger, Heiz and Leonard Toibas. A Time-based Concept for Terminal Area Traffic

Management[R]. NASA Technical Memorandum 88243, 1986.

[90] Dimitris Bertsimas. The air traffic flow management problem ewith enroute capacity[R]. Draper Laboratory, 1994.

[91] Giovanni Andreatta, Lorenzo Brunetta. From Ground Holding to Free Flight: An Exact Approach[J]. Transportation Science, 2000, (4): 394-401.

[92] Michael Ball. Ground Delay Programs: Optimizing over the Included Flight Set Based on Distance. [C]. 2003.

[93] K. J. Krzecowshi, Thomas J. Davis, Heinz Erzberger. Knowledge-based Scheduling of Arrival Aircraft in the Terminal Area[R]. NASA, Ames Research Center, Moffett Field, AIAA-95-3366-CP, 1995, 1758-1768.

[94] Chin E. Lin and K. L. Chen. An Automation ATC Monitor System for Air Traffic Control. IEEE, 1994.

[95] Leonard Tobias, Uwe Volckers, and Heinz Erzberger. Controller Evaluation of the Descent Advisor Automation Aid[R]. NASA, Ames Research Center, Moffett Field. CA 94035. AIAA-89-3624-CP, 1989, 1609-1618.

[96] Klaus Platz, Ulrich Brokof. Optimizing Air Traffic Flow At Airports – Advanced Technologies for ATFM[R]. 1994, DLR Bonn.

[97] Stephan E. Kolitz and Mostafa Terrab. Real-time Adaptive Aircraft Scheduling[R]. Charles Stark Draper Laboratory, Inc., Cambridge, Massachusetts, 1990. 69p. Report: NAS 1. 26: 177558, A-90198; NASACR-177558.

[98] Dimitris Bertsimas and Sarah Stock Patterson. The Air Traffic Flow Management Problem With Enroute Capacities[J]. Operations Research, 1998 (3): 406-422.

[99] Ball, Michael, R. Hoffman, W. Hall, A. Muharremoglu. Collaborative Decision Making in Air Traffic Management:A Preliminary Assessment[R], NEXTOR technical report 1998, RR-99-3.

[100] Ball, Michael O., R. Hoffman, C. Chen, and T. Vossen. Collaborative Decision Making in Air Traffic Management: Current and Future Research Directions[C]. in: Proceedings of Capri ATM-99 Workshop, 1999, pp 267-276.

[101] Hoffman, Robert, M. Ball, A. Odoni, W. Hall, and M. Wambsganss, Collaborative Decision Making[J]. Air Traffic Flow Management, 1999, 10-15.

[102] Free Flight Phase I Office. Federal Aviation Administration, An Operational Assessment of Collaborative Decision Making in Air Traffic Management[R]. 1999, Document Control Number: R90145-01.

[103] Peter B. M Vranas, Dimitris Bertsimas, Amedeo R. Odoni. Dynamic Ground-holding policies for a network of airports[J]. Transportation Science, 1994(4): 275-291.

[104] Dimitris Bertsimas and Sarah Stock Patterson. The Air Traffic Flow Management Problem with Enroute Capacities[J]. Operations Research, 2008 (3): 406-422.

[105] Terrab M. , Odoni A. , Deutsch O. Ground-Holding Strategies For ATC Flow Control[R]. AIAA 89-3628-CP, 1989, 1636-1646.

[106] Terrab M. ATC flow control through Ground-holding[M]. MIT, Cambridge MA, 1989.

[107] Vranas P B, Bertsimas D J, Odoni A. R. The multi-airport ground-holding program in air traffic control[J]. Operations Research, 1994 (2): 249-261.

[108] Andreatta G, Brunetta L. Muti-airport ground-holding problem: A computational evaluation of exact algorithms[J]. Operation Research, 1998 (1): 57-64.

[109] Barnier N. , Brisset P., Riviere T. Slot allocation with constraint programming: models and results[C]. in: 3rd USA/Europe Air Traffic Management R&D Seminar, Napoli, 2000.

[110] Varanas B. Optimal slot allocation for Europe air traffic flow management[J]. Air Traffic Control, 1997 (4): 249-280.

[111] A. R Odoni. The flow management problem in air traffic control, in A. R Odoni, L. Bianco and G. Szego eds, Flow control of congested networks[J]. Springer Verlag, Berlin, 1987.

[112] Giovanni Andreatta, Lorenzo Brunetta and Guglielmo Guastalla. Multi-airport ground-holding problem: A heuristic approach on priority rules Modeling and Simulation in air traffic management[J]. Springer Berlin, pp71-90.

[113] Harvey C. Optimal Models with Decision Variable for the Time of Aircraft Flight Events, working paper, The University of Houston, Houston, 1993.

[114] 李波，杨鹏. 建立全国空中交通流量管理系统研究[J]. 空中交通管理，2003（9）: 42-43.

[115] Airport Capacity and Delay[R]. U. S. Department of Transportation FAA, Advisory Circular AC: 150/5060-5, 9-23-83: 1-92.

[116] AMassound Bazargan, Kenneth Fleming, Parakash Subramanian. A Simulation Study toInvestigate Ruway Capacity Using TAAM[C]. in: Proceedings of the 2002 Winter Simulation Conference, 2002: 1-9.

[117] 肖德义. 流量控制的成因及相应的解决办法[J]. 空中交通管制，2004（159）: 52-53.

[118] Harris R. M. Models for Runway Capacity Analysis[R]. Washington, D. C., The Mitre Corporation Technical Report MTR-4102, 1969:1-94.

[119] G. F. Newwell. Airport capacity and delays[J]. Transportation Science, 1979, (3): 201-241.

[120] David A. Lee, Caroline Nelson, Gerald Shapiro. The Aviation System Analysis Capability, Airport Capacity and Delay Models[R]. NASA/CR-1998-207659.

[121] Husni Idris, John-Paul Clarke, Rani Bhuva and Laura Kang. Queuing Model for Taxi-Out Time Estimation, Massachusetts Institute of Technology: 1-20.

[122] Jesús Garcia, Antonio Berlanga, José M Molina etc. Planning Techniques for Airport

Ground Operations[R]. 0-7803-7367-7/02 IEEE, 2002.

[123]   J. W. Smeltink, M. J. Soomer, P. R. de Waal etc. An Optimization Model for Airport Taxi Scheduling[J]. Preprint submitted to Elsevier Science, 2004: 1-25.

[124]   胡明华，徐肖豪，陈爱民. 空中交通流量管理中的多元受限地面等待策略问题研究[J]. 航空学报，1998（1）：78-82.

[125]   陈爱民. 空中交通流量管理中的地面等待策略问题研究[D]. 南京航空航天大学，1997，3.

[126]   钱爱东. 多机场地面等待策略和航班时刻制定研究[D]. 南京航空航天大学，2000，3.

[127]   李丹阳. 空中交通流量管理中的单机场地面等待策略问题研究[D]. 南京：南京航空航天大学，1999.

[128]   Longyang HUANG，Weijun PAN. Synthesizing Pattern with Broad Nulls Through Orthogonal Method，Nanotechnology and Computer Engineering[C]. in: 2010 Trans Tech Publications Ltd，Swizerland，992-995，ISSN 10226680.

[129]   胡明华，李丹阳，李顺才. 空中交通地面等待问题的网络流规划模型[J]. 东南大学学报，2000（3），104-108.

[130]   朱晶波. 多元受限的航班时刻优化模型和算法研究[D]. 南京：南京航空航天大学，2001，1.

[131]   罗喜伶. 空中交通流量管理系统中关键技术研究[D]. 北京：北京航空航天大学，2002，4.

[132]   Longyang HUANG，Jun LUO，Weijun PAN. Spatial-Temporal Non-uniform Subband Broadband Beamforming[C]. in: Progress in Measurement and Testing, 2010 Trans Tech Publications Ltd, Swizerland, 1223-1228, ISSN 10226680.

[133]   罗喜伶，张其善. 基于 DES 的单跑道地面等待模型研究[J]. 北京：北京航空航天大学学报，2003（5）：443-446.

[134]   罗喜伶，张其善. 起降容量受限的地面等待模型研究[J]. 北京航空航天大学学报，2004（2），127-130.

[135]   王莉莉，史忠科. 单机场地面等待问题遗传算法设计[J]. 系统仿真学报，2006（4），894-897.

[136]   Michael Ball，Robert Hoffman，Thomas Vossen. Optimization and mediated bartering models for ground delay programs[C]. 2002.

[137]   理查德·诺曼. 服务管理[M]. 北京：中国人民大学出版社，2006.

[138]   罗晓光，刘希宋. 顾客购后行为与顾客满意的关系及顾客满意度评价[J]. 商业研究，2005（9）：39-40.

[139]   吕小平. 空中交通排队辅助决策系统（AMAN/DMAN）[J]. 空中交通管理，2007（9）：18-21.

[140]   李宁，邹彤，孙德宝. 带时间窗车辆路径问题的粒子群算法[J]. 系统工程理论与实

践，2004（4）：130-135.

[141] Weijun PAN，Huaqun CHEN，Tong CHEN. The research of flight route capacity in rvsm airspace based on neural network[C]. in: ICCASM 2010- 2010 International Conference on Computer Application and System Modeling, Proceedings, 2010, V8525-V8528.

[142] 吴叶葵. 突发事件预警系统中的信息管理和信息服务[J]. 2006（11）：73-75.

[143] 罗荣桂，黄敏镁. 企业服务运作管理预警系统的建立[J]. 武汉理工大学学报（信息与管理工程版），2005（1）：183-187.

[144] Weijun PAN，Lin ZHANG，Tong CHEN. Optimization of Flight Sequencing on Airport Based on Gene Expression Algorithm[C]. in: Proceeding of 3rd IEEE International Conference on Computer Science and Information Technology, 2010, 278-281.

[145] 刘志雄，王少梅. 基于粒子群算法的并行多机调度问题研究[J]. 计算机集成制造系统，2006：183-187.

[146] 郭兴众，马健. 一类二层多目标规划的混沌遗传优化算法及其应用[J]. 北京科技大学学报，2006（7）：696-699.

[147] Weijun PAN，Tong CHEN. Horizontal track planning for multi rescue helicopters[C]. in: 2010 International Conference on Mechanic Automation and Control Engineering，MACE2010，June 28, 2010, 2802-2805.

[148] 沙宝亮. 航空公司服务质量问题的成因分析[J]. 世界标准化与质量管理，2005（7）：34-36.

[149] 姚韵. 航空公司不正常航班管理和调度算法研究[D]. 南京：南京航空航天大学，2007.

[150] Huaqun CHEN，Weijun PAN，Air traffic capacity of RVSM area based on Heuristic algorithm[C]. in:ICCTP 2010: Integrated Transportation Systems: Green，Intelligent，Reliable-Proceedings of the 10th International Conference of Chinese Transportation Professionals, August 8, 2010, 1384-1390.

[151] 朱星辉. 航空公司航班计划优化设计研究[D]. 南京：南京航空航天大学，2007.

[152] Wei-Jun Pan，Zi-Liang Feng，and Yang Wang，ADS-B Data Authentication Based on ECC and X. 509 Certificate[J]. Journal Of Electronic Science And Technology, 2012 (10): 51-55.

[153] 刘得一. 民航概论[M]. 修订版. 北京：中国民航出版社，2006.

[154] 洛伊佐斯·赫拉克莱厄斯，约亨·维而茨，尼汀·潘加卡. 展翅高航空公司的经营之道[M]. 北京：中国人民大学出版社，2006.

[155] 中国投资咨询网. 2007年中国民用航空业分析及投资咨询报告（上、中、下卷）. http://www.ocn.com.cn/reports/2006084minyonghangkong.htm. 2007.

[156] 张兆宁，王莉莉. 空中交通流量管理理论与方法[M]. 北京：科学出版社，2009.

[157] 胡明华. 空中交通流量管理理论与方法[M]. 北京：科学出版社，2010.

[158] Zhenghong XIA, Weijun PAN. Research on the Trustworthiness of Software[C]. The

2nd International Conference on Information Science and Engineering (ICISE 2010), 7438-7441, 2010.

[159] 黎新华. 空中交通流量管理理论与方法综述[J]. 空中交通管理，2010（03）：8-10.

[160] 李强，康瑞. 容量受叠限的航班时刻规划算法的设计和实现[J]. 中国民航飞行学院学报，2009.

[161] Peng LiJuan, Kang Rui. One-dimensional cellular automaton model of traffic flow considering drivers' features[J]. Acta Physica Sinica, 2009(2): 830-835.

[162] Kang Rui, Peng LiJuan, Yang Kai. One-dimensional traffic cellular automaton model with consideration of the change of driving rules[J]. Acta Physica Sinica, 2009, 58(7).

[163] 潘卫军，康瑞. 考虑关键点流量限制的多机场协同地面等待模型[J]. 工程科学与技术，2013：106-111.

[164] 夏正洪，潘卫军，康瑞. 机场冲突热点识别与等级划分方法研究[J]. 科学技术与工程，2014（21）：297-301.

[165] 康瑞，杨凯. 基于监视数据修正的航空器飞行轨迹推算模型[J]. 科学技术与工程，2014（6）：256-259.

[166] 康瑞，杨凯，KANGRui, et al. 考虑空域高度限制的航空器飞行轨迹推算模型[J]. 四川大学学报：自然科学版，2014（4）.

[167] 周天琦，康瑞. 多跑道机场起降排序实时优化元胞自动机模型[J]. 工程科学与技术，2014：87-92.

[168] 康瑞，周天琦.终端区空中交通流量管理理论与方法[M]. 西安：西北交通大学出版社，2016.

[169] 康瑞，杨凯. 民航支线机场跑道容量评估模型设计与仿真[J]. 计算机仿真，2016，33（3）：32-36.

[170] 杨凯，康瑞. 基于元胞自动机的航空器起降间隔研究[J]. 工程科学与技术，2016：127-134.

[171] Mori R. Aircraft ground-taxiing model for congested airport using cellular automata[J]. IEEE Transactions on Intelligent Transportation Systems, 2013 (1): 180-188.

[172] 薛清文，陆键，姜雨. 大型机场滑行道航空器交通流特性仿真[J]. 北京航空航天大学学报，2019（3）：567-574.

[173] Xue Qingwen, Lu Jian, Jiang Yu.Aircraft taxiway traffic flow characteristic simulation at large airportJournal of Beijing University of Aeronautics and Astronautics, 2019(3): 567-574.

[174] 李楠，强懿耕. 一种基于反向神经网络的航空器飞行轨迹预测[J]. 科学技术与工程，2019（21）：329-335.